探秘世界系列
DISCOVER THE WORLD

奇异植物之谜

主编/李瑞宏　副主编/郭寄良
编著/高 凡　陆 源　绘/米家文化

浙江教育出版社·杭州

随着人类文明的不断进步，现代的社会生活中到处都是科学技术的应用成果。人们的衣食住行，未来社会的发展，每一样都离不开科学技术的支撑。

我们乐观地期待着更加美好的未来，也看到未来事业的发展存在着新的、更多的挑战。少年儿童是未来的希望，毫无疑问，谁对他们的培养、教育取得了成功，谁就将赢得未来。

探知人自身以及外部世界的奥秘是人类文明的起点，也是少年儿童的天性。为了提高少年儿童的科学文化素质，适应他们课外阅读的需要，“探秘世界系列”丛书收录宇宙万物中玄奥的科学原理，探究人体内部精微组织与奇妙构造，揭秘动植物界鲜为人知的语言、情绪等行为，介绍最新奇的科技产品和科学技术，再现波澜壮阔的恐龙时代……包括梦幻宇宙、玄妙地球、奇趣动物、奇异植物、新奇科技、神奇人体、神秘恐龙7个主题，是一套全力为少年儿童打造的认识世界的科普读物。

本套丛书从科学的角度出发，以深入浅出的语言、神奇生动的画面将其中的奥秘娓娓道来，多角度地向少年儿童展示神奇世界的无穷奥秘，引领少年儿童进入一个生机勃勃、变幻无穷、具有无限魅力的科学世界，让他们在惊奇与感叹中完成一次次探索并发现世界奥秘的神奇之旅，让他们逐渐领悟其中的奥秘、感受探索与发现的无穷乐趣。

此外，本套丛书特别注重科学知识、人文素养及现代审美观的有机结合，3000多幅精美的图片立体呈现了科学的奥秘，书末的“脑力大激荡”充分检验孩子们的阅读能力，而精美的装帧设计，新颖有趣的版式，富有真善美相融合的内涵，使本套丛书变得更加生动、活泼、好看。希望本套丛书能够成为少年儿童亲近科学、热爱科学和学习科学必不可少的科普读物。

“芳林新叶催陈叶，流水前波让后波。”相信阅读“探秘世界系列”丛书的小读者们一定会从中获得更多的新感受、新见解。未来的社会主要是人才的竞争，未来的世界等着你们去创造，去发现，你们一定能成为未来社会的精英，成为推动世界科学技术发展的强劲后波。

中国自然科学博物馆协会理事长
清华大学博士生导师　**徐善衍教授**

目录

Contents

探秘世界之旅

现在开启

庞大的植物王国

植物有生命吗？它们是不是也会有感觉？

与动物一样，植物也有生命。动植物之间最大的区别就是，植物可以通过光合作用，自己制造生长所需的养分，动物则必须依靠植物才能存活。

植物自己不会运动，它们不需要寻找食物，通常是静静地待在一个地方慢慢长大。当然，植物种子在传播时，如果遇到动物等“出租车”，也可能到远方生根发芽。

从细菌到植物

研究结果表明，植物最早出现于4.4亿年前，是地球上最古老的多细胞生物，并经历了漫长的进化。

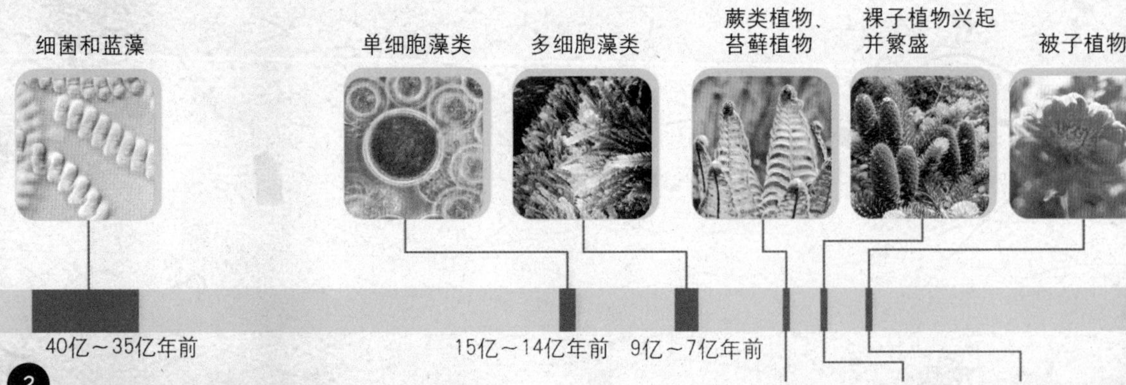

植物家族成员多

世界上的植物超过40万种。没有植物，我们的地球将暗淡无光。

瞧！枝繁叶茂的大树、矮小丛生的灌木、五彩缤纷的花朵、纤细顽强的小草、漂浮不定的水藻、分布广泛的苔藓组成了一个丰富多彩的植物王国。

世界上最高的植物

世界上最高的植物是生长在大洋洲的杏仁桉，最高可达156米，相当于50层的高楼。杏仁桉普遍高达百余米，树干笔直、直插云霄，枝叶密集生在树的顶端。杏仁桉的叶长得很奇怪，侧面朝天，像挂在树枝上一样，与阳光的投射方向平行。这种古怪的长相是为了适应气候干燥、阳光强烈的环境，以减少阳光直射，防止水分过分蒸发。

世界上最重的植物

世界上最重的植物是黑黄檀，1立方米的黑黄檀木材干重达1100多千克。

世界上最古老的植物

美国加利福尼亚州有一棵名叫麦修彻拉的刺球果松，树龄高达6400岁，可谓世界上现存最古老的植物。另外还有一棵位于非洲西部加那利亚岛的龙血树，活了8000多岁，可惜的是它在1868年毁于一场飓风。

植物是人类的好朋友

植物是人类的好朋友，与我们生活在同一个世界中。

植物王国的成员遍布世界各地。寒冷的高原、干旱的沙漠、一望无际的大海、郁郁葱葱的森林……到处都能见到植物的身影。各种各样的植物在我们的周围生长、繁殖，为我们美化环境、提供氧气、带来食物，营造清新宜居的环境，使我们的生活更加美好。

植物会说话

你知道吗？植物也会说话。

仙人掌的长相怪异，其实它想告诉你，要适应沙漠中干燥酷热的恶劣气候，就必须将叶子缩小成针状。一触动含羞草的叶片，含羞草就会合拢，其实它想告诉你，“含羞”也是一种生存本领。哈密瓜的果肉甘甜清香，其实它想告诉你，它生活在日照时间特别长的沙漠地带。胡萝卜的表皮呈橘红色，其实它想告诉你，它的体内含有丰富的胡萝卜素……

看，植物跟我们说了那么多话，真有趣啊！

植物也有感觉

遇到伤心的事情我们会难过，遇到高兴的事情我们会开心；被利器割到了我们会感到疼痛，摸到沙子我们会觉得粗糙……这些都表明人有感觉。那么植物呢？有的科学家推测：与动物一样，植物也是从活细胞演变而来的，因此，植物也有感觉。而且，有些植物不但有听觉、嗅觉和触觉，还富有情感、具有表现音乐的才能。

美国中央情报局专家巴克斯特曾做过一个试验：将植物与他改装的仪器相连，然后用火点燃植物的叶片。就在他划着火柴的同时，测试仪和记录仪上都出现明显的变化。而且当火柴还没有接近植物时，记录仪的指针就已经开始剧烈摆动，这都表明植物的“恐惧”心理。有趣的是，当多次重复这个并没有真正伤害植物的动作后，植物竟然也不再害怕这一威胁了。这个试验足以证明：植物也有“感情”。

锦葵对外界声音产生反应的速度是植物中最快的，称得上最佳的“谈话”对象。秋海棠发出的声音完美动听，号称最佳“歌手”。捕蝇草能快速捕捉昆虫，是最佳的“猎手”。松树受伤后会利用松脂来为自己疗伤，称得上自救“高手”。含羞草的叶片被触碰时，会迅速地闭合，可谓敏感“达人”。

为了吸引昆虫前来传粉，有的植物会散发出一种尸臭味，诱使苍蝇、甲虫等前来产卵，借机传粉；为了避免长时间光照造成的伤害，有的植物会让自己暂时“休克”，或者疲倦地“睡”着了……

植物的感官可以说灵敏至极啊！

阳光下的幸福生活

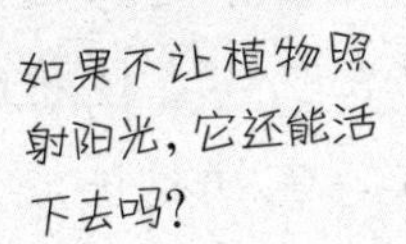

阳光是植物的生命之源

植物自己不会运动，所以它们不能像动物那样在“饿”了的时候到处去寻找食物“填饱肚子”。但是，植物有一个特别的营养系统，能够自己制造养料。

小朋友们都知道，植物的叶片内含有叶绿素，它不仅能使植物的叶片呈现绿色，还能利用阳光把二氧化碳和水转化为养料，供自己生长所需。植物的这个制造养料过程必须在阳光下进行，所以叫做光合作用。离开了阳光，植物就无法自己制造养料，也就无法维持生命了。

光合作用的发现史

科学家们站在巨人的肩膀上，经过许多次研究和探索，发现了植物的光合作用。

很早以前，人们都认为植物生长所需的营养来自于土壤。17世纪中叶，比利时人海尔蒙特凭借“5年种植柳树”的实验，首先提出了“水参与植物体有机质合成”的观点，但是他没有考虑到空气在其中的作用。1771～1777年，英国科学家普里斯特利通过一系列的实验证明，绿色植物能从空气中吸收养分，还能使因为燃烧或动物呼吸而变得污浊的空气再次清新，但他没有认识到光在这个过程中的重要作用。直到1779年，荷兰人英格豪斯通过实验确认，只有在阳光的照射下，普里斯特利的实验才能获得成功。

经过科学家不断的努力，植物光合作用之谜终于被解开了！

看，植物是这样制造养料的

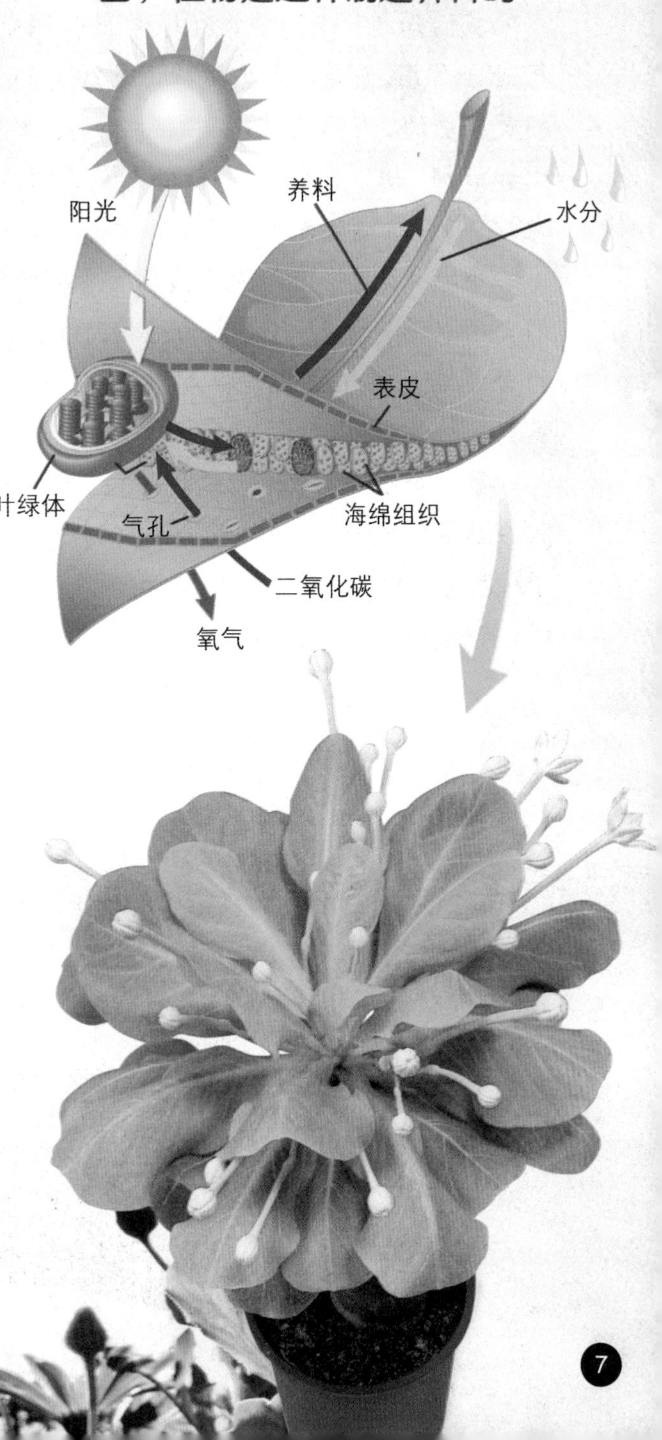

只有绿色的植物才能进行光合作用吗?

我们知道，植物要靠叶绿素吸收阳光才能进行光合作用。可是，有些植物不是绿色的，它们有的是紫色的、有的是棕色的、还有的是红色的……比如红枫、胡萝卜等。这些植物是怎么制造养料的呢？它们也能进行光合作用吗？

事实上，这些植物的体内仍然含有叶绿素。它们之所以不是绿色的，是因为植物内红色的花青素的含量远高于叶绿素的含量，叶绿素的绿色被掩盖了。

做一个小实验，你们就明白了：把红色的枫叶放在热水里煮一下，枫叶就会由红转绿，这就证明了红色的枫叶里仍然含有叶绿素，也能进行光合作用（其他颜色的植物亦然）。

光合作用与绿色能源

绿色植物（指含有叶绿素的植物）在阳光的照射下，能合成自身生长需要的有机物，把光能转变成储藏于有机物中的化学能，这就是光合作用。光合作用的产物，是动物和人类的食物来源。而且，人们穿的、用的，也直接或间接地依赖光合作用。

人工模拟光合作用，一直是科学家梦寐以求的。各国科学家正从两个方向进行试验。一种方法是：模拟绿叶利用阳光把二氧化碳和水转变成碳水化合物。这种模拟一旦成功，人们就可以生产出人造粮食了。另一种方法是：根据光合作用将水分解、放出氢气的原理，利用阳光从水中获得氢气，以此作为廉价绿色能源的获取途径之一。氢是无污染的绿色能源，一旦利用光合作用获得氢能源，将改变世界的能源结构，引发动力工业的革命。

天天向上的“好学生”

为什么植物的根总是向下生长，而茎总是向上生长呢？

撒在地里的种子，有的是倒立着的，有的是侧睡着的，还有的是仰面躺着的……可谓姿态万千。有趣的是，无论刚与土壤接触的种子处于何种姿态，发芽后的植物都直立着向上生长。

不管是参天大树，还是路边的小草；不管是沙漠里的仙人掌，还是森林里的芭蕉树；不管是阳光下的向日葵，还是阴暗处的地衣、苔藓，无不努力地向上生长，争做一名天天向上的“好学生”！植物的根、茎生长的方向是否相同呢？让我们来瞧一瞧。

繁茂、庞大的植物根

俗话说："根深叶茂，本固枝荣。"这说明植物的根与植物的生长息息相关。繁茂、庞大的植物根埋藏在潮湿、阴暗的土壤中，一般不会引起人们的注意。然而，它却是植物体吸收水分和养料不可缺少的器官。

植物的根为了充分吸收土壤中的水分和养料不断向下深入，向四面八方扩展，所以相当发达。一棵生长一年的苹果树约有38000条侧根；一棵在抽穗期的冬黑麦约有1400万条根。

大多数木本植物的主根深入土壤可达10~20米；草本科植物的根较之略短，如小麦的根向下深入土壤达2米，甜菜的则达3米。长在沙漠地区的植物根较长，如骆驼刺的根系可深入20米以下的深土层。

根系向四周扩展的面积也十分惊人。向日葵根系的直径达5米，苹果树根系达27米。这些植物根系的延伸范围都比它们的树冠宽2～3倍。

植物的运输线——茎

植物的茎大多生长在地面上，它下部连接着根，上部生长着叶、花和果实。

植物的茎在植物体内担负着运输的任务。大多数木本植物具有高大挺拔的树干，树干上枝繁叶茂，支撑着沉甸甸的果实。树干其实就是木本植物的直立茎。它可以把从根吸收来的水分和无机盐输送到叶内，也把叶制造的有机养料输送到根部。一般，一棵100米高的大树，只需数小时，就能把水从根部输送到树梢。

有些植物为了适应生长环境经历了演化，它们的茎发生了各种各样的变化。

婀娜多姿的牵牛花，它的茎又细又长，十分柔弱，不能直立，只能缠绕在其他植物的茎或物体上向上生长。这样的茎称为缠绕茎。

甘薯、草莓的茎，既不会直立，也不会依附在别的植物体或物体上，只能伏在地面，向四面蔓生。这样的茎称为匍匐茎。

还有些植物，因为生活环境较复杂，茎的形态和功能都发生了变化。如马铃薯的茎变为地下茎，洋葱的茎变为鳞茎，荸荠的茎变为球茎，藕的茎变为根状茎，这些形态多样的变态茎都能储藏养料。有些地下茎还能繁殖后代。

植物生长的未解之谜

早在100多年以前，世界著名生物学家达尔文就开始研究“植物为什么总是向上生长”这个问题。是地球引力影响了植物的生长方向吗？

有些人认为，这是植物的生长素不对称分布而引发的：植物体内含有生长素，当生长素的浓度低时，会促进根的生长；当生长素的浓度高时，会促进茎的生长。我们把植物平放，由于地球引力的作用，生长素就会移向下侧。这样，植物茎部下侧生长素升高，生长得比上侧快，使茎尖向上生长。植物根部下侧生长素浓度高，起到了抑制生长的作用，生长比上侧慢，使根尖向下生长。但这种说法并不能解释关于植物生长方向的所有问题。

到底是谁掌控着植物的生长方向，至今还是一个未解之谜。

植物在太空中怎样生长

随着科学技术的迅速发展，植物常被宇航员带到太空中。太空中没有地球引力，植物在太空中会怎样生长呢？你觉得植物会长出翅膀，长出手和脚，说话、唱歌，或穿上美丽的花裙子吗？1975年，宇航员第一次在太空中播下了植物种子。经过宇航员观察发现，在没有重力作用的情况下，植物往往毫无方向地散乱生长，最终枯萎死亡。

呼吸那点事儿

植物是不是也和我们一样，不停地吸进氧气、呼出二氧化碳呢？

植物也有“鼻孔”

与动物一样，植物也在日夜不停地呼吸着，不同的是，植物没有明显的呼吸器官。那么，植物是通过哪个部位进行呼吸的呢？原来，植物的各个部分（包括根、茎、叶、花、果实、种子）的每一个细胞都在进行呼吸。细胞内呈棒状或粒状的线粒体是专门负责呼吸的。

植物的“鼻孔”藏在叶的背面。这些小孔被称为气孔，是植物主要的呼吸器官。气孔长在叶片的背面，可以尽量避免来自阳光和雨水的伤害。气孔不仅是氧气和二氧化碳的出入口，也是水分蒸发的通道。

植物呼吸很特别

植物的呼吸和动物不同，不是一成不变的。

白天，植物的光合作用强于其呼吸作用，吸入二氧化碳，吐出氧气；到了夜晚，光合作用停止，呼吸作用占主导地位，植物吸入氧气，吐出二氧化碳。不过，与植物制造的氧气量相比，植物吸入的氧气量很少。所以植物生长茂盛的地方，空气中的含氧量就会特别高。

很多人认为，早上树林里的空气是最新鲜的，其实不然。科学家研究证明，早晨，当太阳还未升起来时，树林里的空气是最浑浊的，因为植物夜间吐出的二氧化碳弥漫了整个树林。只有当太阳升起来后，植物在阳光的照射下进行光合作用，树林里的空气才会越来越新鲜。

引以为傲的技能

植物的呼吸作用还能为其他生命活动提供服务呢！

植物进行呼吸的过程中会产生许多中间产物，其中有一些是进一步合成植物体内新的有机物的物质基础。

通过呼吸作用，植物能将一些毒素氧化分解。比如，当植物受伤时，通过旺盛的呼吸作用，可以促进伤口的愈合，以减少病菌的侵染。此外，呼吸作用的加强还可促进植物体内灭菌物质的合成，以增强植物的免疫能力。

除能直接利用光能进行光合作用的绿色植物叶片表面的细胞外，其他部位（如根、茎等）的细胞的生命活动所需的能量都来自于呼吸作用。

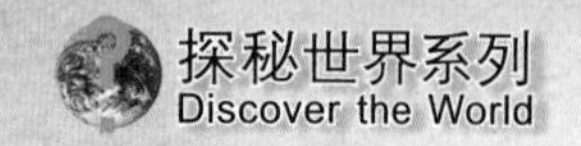

会变化的呼吸

植物的呼吸作用并不是一成不变的，有许多因素会影响植物呼吸的速率。

温度 一般在0℃以下，植物的呼吸作用就会变得很弱或几乎停止，呼吸作用的最适温度一般为25℃～35℃。

氧气 氧气浓度影响着呼吸速率。当氧气浓度低于20%时，植物呼吸速率开始下降。

水分 水分含量高时呼吸作用强。

减缓呼吸可以延长种子的寿命

种子宝宝离开植物妈妈后，就是一个独立的生命体。只要是生命体，就需要通过呼吸来维持生命，种子也是如此。

对于农民来说，能将优质高产的种子保存起来，是非常重要的。科学家发现，低温、干燥的环境可以使种子暂时休眠，降低呼吸作用的频率，减少养料的消耗，这往往可以延长种子的寿命。

晚上睡觉时，在房间里放上植物，对人的健康有好处吗？

没有好处。因为植物到了晚上就不进行光合作用了，这时它们也像人一样呼吸，吸进氧气，吐出二氧化碳。植物吸收了氧气，可供人吸收的氧气就会变少，很容易导致人体缺氧，不利于人的身体健康。

会呼吸的不定根

在日常生活中我们会发现，老榕树的树干和枝条上会长出很多“胡须”。其实，这些“胡须”就是不定根，它们有的着地入土、有的凌空垂下。这种不定根不能吸收养分，但能吸收空气中的水分、进行呼吸。此外，生长在海边的红树、生长在湖边的水松，由于生活在淤泥地带，淤泥中的空气稀少，根呼吸很困难，所以它们的一部分根会垂直向上生长，暴露在空气中进行呼吸。

果实保鲜妙法

有些果实成熟时，呼吸速率会突然升高，然后又突然下降。而恰恰在这个时候，果实成熟了。大家都希望能吃到新鲜的水果，水果的保鲜非常重要。科学家发现，适当地降低温度可以减弱呼吸作用，推迟果实的成熟期，达到延长果实的保鲜期的效果。

植物之间的“亲家”和“冤家”

你知道吗？植物也有自己的好朋友和敌人，让我们一起来看一看。

有趣的“亲家”和“冤家”

植物之间有“亲家”，也有“冤家”。有些植物可以和平共处，互不侵犯；有些甚至可以取长补短，互利互助；但有些植物就像是死对头，一旦碰在一起，总有一方会受到伤害，甚至两败俱伤。

原来，有些植物的分泌物对某些病毒、真菌和害虫有很强的杀伤力，这样，它能与其他植物和睦相处，成为“亲家”。但是，也有很多植物会从体内分泌出某种气体或汁液，抑制其他植物的生长，这样，它与其他植物碰在一起就成了“冤家”。

互为"亲家"的植物

洋葱和胡萝卜是"好朋友"，它们发出的气味可以相互为对方驱逐害虫。

玉米和大豆是"亲家"。玉米需要氮肥，大豆的根瘤菌能把空气中的氮固定在土壤里，供玉米吸收利用，所以，它们成了亲密无间的"好邻居"。

大蒜和棉花适宜间作播种，大蒜挥发出来的植物杀菌素能把棉蚜虫赶跑，别的害虫闻到这种气味也会逃之夭夭。因此，大蒜成了棉花的"好朋友"。此外，大蒜也是大白菜和卷心菜的"好朋友"。

葡萄和紫罗兰种在一起，结出的葡萄香味更浓。

互为"冤家"的植物

番茄与黄瓜见面就要"打架"，它们是一对不折不扣的"冤家"。如果人们把它们种在一起，两者都会减产。

甘蓝和芹菜间作播种，两者的生长情况都不会好，甚至还会死亡。

丁香、薄荷、月桂能分泌出大量的芳香物质，对相邻植物的生长发育有抑制作用。

荞麦与玉米是一对"冤家"。如果强行种在一起，就会出现一种植物被另一种植物弄得毫无生机的现象。

卷心菜和葡萄也不能种在一起。不论葡萄爬得多高，都逃脱不了卷心菜的分泌物对它的危害。

玫瑰最排斥木樨草，木樨草放出特殊的化学物质对玫瑰有致"命"毒性。

植物界的"大毒霸"

苦苣根部的分泌物对农作物的生长有抑制作用，在它周围的种植农作物哪怕个子比它高大，也难以生长，甚至会枯萎而死。因此苦苣被称为"大毒霸"，许多植物都只得由它"毒"霸一方。

动物是植物的好朋友

大树爷爷生病了，请来了啄木鸟医生，啄木鸟医生轻轻敲了敲大树爷爷的身体，找到了伤口，用它那又尖又长的嘴巴，从大树爷爷身上叼出一条大肥虫。大树爷爷的病被啄木鸟医生治好了。瞧，动物也可以成为植物的好朋友。

青蛙哥哥每天在庄稼地里巡逻，及时吃掉害虫，保护庄稼；蝴蝶和蜜蜂在花丛里飞来飞去，传播花粉，有助于植物结果；蚯蚓在泥土里钻来钻去，不仅能为植物松土，而且它排出的粪便还能为植物提供生长所需的养料……

可怕的无声战争

由于植物之间有“亲家”和“冤家”，所以它们也会择邻而居。不同的植物在生长过程中会释放出不同的化学物质，有的能被相邻的植物所接受，甚至给对方带来好处；有的植物会彼此排斥，经常发生无声的“化学战”，作战武器——“毒液”和“毒气”会抑制对方的生长。

植物之间的化学战有“空战”“陆战”“海战”三类，其手段之多、用心之险，连人类也会自叹不如。

“空战” 植物把大量毒素释放到大气中，造成大气污染，并使其他植物中毒死亡。比如：加洋槐的树皮会挥发一种物质，杀死周围的杂草，使根株范围内寸草不生。风信子、丁香花等也都是采用“空战”惩治敌人的。

“陆战” 有些植物把大量毒素通过根尖排放到土壤中，从而对其他植物根系的吸收能力加以抑制。比如：高山牛鞭草的根部能分泌一些醛类物质，以抑制豆科植物根系的生长。

“海战” 有些植物利用降雨和露水把毒素溶于水中，形成水污染而使其他植物中毒。比如：桉树叶的冲洗物在天然条件下可以使草本植物停止生长。

一粒种子的旅行

植物的婴儿——种子

我们吃水果的时候，常常会碰到一些阻碍。比如：西瓜中有许多西瓜籽；石榴中也有许多小籽。这些小家伙是谁呢？其实，它们是植物妈妈的小宝宝——种子。

从春天到秋天，植物妈妈开花、长叶、结果直到落叶，这是它养育小宝宝的过程。那么，种子住在哪里呢？是不是所有的种子都住在同一个地方呢？

植物妈妈有办法

为了保护自己的宝宝，植物妈妈可算是想尽了办法。

当种子还没有成熟的时候，包裹在外面的果肉是又苦又涩的，这样就能尽量避免种子在完全成熟前被动物吃掉。

除此以外，种子外面还包着一层硬壳，即使被吃掉，也很难被消化。

种子的家千奇百怪

种子嵌在果瓤里的植物：西瓜、南瓜、丝瓜。

种子生在果肉里的植物：梨、苹果。

种子架在树枝间的植物：松果。

种子睡在花朵里的植物：鸡冠花、向日葵。

种子躺在豆荚里的植物：毛豆、豌豆。

种子藏在果核里的植物：核桃。

种子躲在果壳里的植物：花生。

种子宝宝爱美丽

种子宝宝喜欢把自己打扮得各具特色。豌豆的种子像一个小圆球，菱角的种子像个元宝；花生的种子白白胖胖，石榴的种子小巧玲珑。

种子宝宝的颜色丰富多彩，有绿色的、白色的、红色的，还有黄色的、褐色的、黑色的……

看，种子宝宝是不是很爱美丽呀！

你见过香蕉的种子宝宝吗？它的家在哪里呢？

香蕉没有种子。你知道为什么吗？

最大的种子

在非洲的塞舌耳群岛上，有一种名叫海椰子的树，它的种子大得惊人，一粒种子的重量可达15千克，算得上是世界上最大的种子了。

最小的种子

世界上最小的种子是四季海棠的种子。一粒种子的分量只相当于一粒芝麻分量的千分之一。也就是说，1000粒四季海棠的种子加起来也只有1粒芝麻那么重。

种子宝宝的数量

每种植物的种子宝宝的数量各不相同。有的是独生子，如：桃子、李子等；有的是几个兄弟姐妹在一起，如：豌豆、花生等；还有的兄弟姐妹多得数也数不清，如：石榴、西瓜等。

植物种子中的末代贵族

2011年9月29日21时16分，我国自主研制的“天宫”一号发射升空，除了完成空间对接的重要任务外，还搭载了农作物种子进行太空实验。“天宫”一号此次还带有4种濒临灭绝的植物的种子，分别是：珙桐、普陀鹅耳枥、望天树和大树杜鹃。这些都是植物种子中的末代贵族。

种子宝宝爱旅行

植物在一个固定的地方生长，种子又是怎样离开家，去别的地方落地生长的呢？

有些种子宝宝，比如苍耳，会粘在经过的人的鞋底或衣服上，也会粘在动物的皮毛上，“免费旅行”到一个新的地方生根发芽。

有些种子宝宝，比如蒲公英、柳树等，会长毛，并在风的帮助下，飘到不同的地方，在那里安家落户。

有些种子宝宝，比如石榴等，则连同果实被小鸟或其他动物吃到肚子里，并由于种子不易被消化，随着粪便排出来传播到四面八方。

有些种子宝宝，比如椰子，会随水漂流，靠岸即是家，每当海岸边的椰子成熟以后，椰果又会掉落到海里，随着海水漂流到远方。

有些种子宝宝，比如凤仙花、豆类植物等，会随着荚壳的自然弹开，射向各处。

花为悦己者容

红花、黄花、紫花、白花……花儿的颜色为什么这么丰富多彩呢？这可是花儿的小秘密，让我们一起去研究研究。

万紫千红的鲜花

娇黄的迎春花、火红的玫瑰花、粉红的桃花、洁白的百合花、殷红的樱花、淡紫的牵牛花……真是百花争艳，万紫千红。

鲜花为什么具有如此丰富的色彩呢？经过科学家长期的研究分析得知，花瓣细胞中含有各种不同的色素。红色或蓝色花的花瓣细胞中含有一种叫花青素的色素，在碱性的生长环境中，植物就绽放出蓝色的花；在酸性的生长环境中，植物就开红色的花。开黄色或橙色花的植物，它们的花瓣细胞中含有胡萝卜素，由于胡萝卜素的种类很多，黄色花瓣就有深有浅。开白色花的植物，它们的花瓣细胞中不含任何色素，但花瓣中有许多小气泡，这些小气泡在阳光的照射下，反射所有颜色的光，所以人们肉眼看到的就是白色的花朵。

花的形状

植物的花，不仅颜色五彩缤纷，形状也多种多样。白菜的花呈“十”字状，牵牛花呈漏斗状，蚕豆花呈蝴蝶状，茄子的花呈车轮状，南瓜的花呈吊钟状，荷花呈嘴唇状……每种开花植物，它们的花都有各自固定的形状。因此，花是植物的识别标志之一。

稀罕的花朵——昙花

昙花是比较稀罕的花卉，它的花朵大如莲。由于昙花的开放时间较短，而且总是在晚上或深夜开花，一般不易被看到，所以人们以“昙花一现”来形容十分短暂的稀奇事。

昙花的花朵非常美丽，花的外围呈紫绛色、中间洁白如雪，直径约有30厘米。昙花总是选在黎明时分朝露初凝的那一刻绽放，开放时花香浓郁，因而得了“月下美人”的称号。

开在高原上的紫色花

在青藏高原上，紫色的花开得特别多。这是为什么呢？

原来青藏高原海拔高，空气稀薄，直射到地表的紫外线比较多。但是照射过多的紫外线，植物会死亡。为了避免这一点，高原地区的花就呈紫色，以反射过多的紫外线。而且，紫色花在强光下比较显眼，能引诱更多的蝴蝶、蜜蜂等昆虫前来传粉，以便更好地繁衍后代。此外，高原上的土壤环境大多偏碱性，这也是花的颜色偏蓝紫色的原因之一。

世界上有黑色的花吗

世界上的花虽然色彩缤纷，但黑色的花十分稀少。因为黑色会吸收大量的阳光，加快花朵表面温度的升高。这样一来，花在阳光下就很容易被灼伤，不易生存下来。

而且，人为杂交黑色花也是一件很困难的事情。这样，黑色的花就显得尤为珍贵，墨菊、黑牡丹自然就被视为花中珍品了。

数量最多的花色

花的结构中，花瓣尤其娇弱，最易受到高温的伤害。而可见光由红、橙、黄、绿、青、蓝、紫等颜色的光波组成。为了反射阳光中含热量较多的红光、橙光和黄光，避免花瓣被灼伤，自然界中红色、橙色和黄色的花数量最多。这其实也是花朵进行自我保护的体现。

颜色变化最多的花

自然界中颜色变化最多的花当属木芙蓉。木芙蓉的花初开时呈白色，第二天则变成浅红色，后来又变成了深红色，凋落的时候呈紫色。

遇到烟会变色的花

大部分的波斯菊开白色或粉红色的花，小部分的波斯菊开黄色的花。而且，这些黄色的波斯菊遇到人们抽烟时产生的烟雾，就会变成橘黄色或朱红色。这是因为黄色波斯菊的花瓣中含有黄色的“类黄酮”，当遇到烟雾等碱性物质时，会发生变色反应。

花为昆虫来打扮

众所周知，花儿之所以散发香味，是为了吸引昆虫来为自己传粉。花儿把自己打扮得姹紫嫣红，其实也是这个道理。

大部分的昆虫喜欢鲜艳的颜色。花儿万紫千红，便可吸引昆虫前来采蜜传粉，这样植物的生命才能得以延续。

有玫瑰花、郁金香、月季、红掌、康乃馨。

春风十里百花香

花香来自何处

五颜六色的鲜花让人赏心悦目，花的香味更令人神清气爽。花的香味是从哪里来的呢？花的香味来源于花瓣中的一种油细胞，它会不断分泌出带有香味的芳香油。当花盛开的时候，芳香油不断挥发，随着水分一起散发到空气中，发出阵阵幽香。这就是我们闻到的花香。

也有一些花的花瓣内没有油细胞，无法制造芳香油，但闻上去也有香味。这是因为这些花的花瓣细胞内含有一种特殊的物质，这种物质本身没有香味，但当它被分解时也会散发出芳香味。

花香的浓淡程度

花香的浓淡程度与气候关系密切。

在热带地区，阳光直射，花香大多较浓烈；相反，在寒带地区，阳光斜射，花香大多较淡雅。

大部分的花朵在天气晴朗、阳光强烈的时候，香味更浓郁。因为这时花瓣中的芳香油挥发得比较快，飘得也比较远。

有些花，如夜来香、晚香玉等，在夜间或阴雨天香味更浓烈。这是因为空气湿度越高，这些花的花瓣上的气孔张得越大，这样芳香油也挥发得越快。

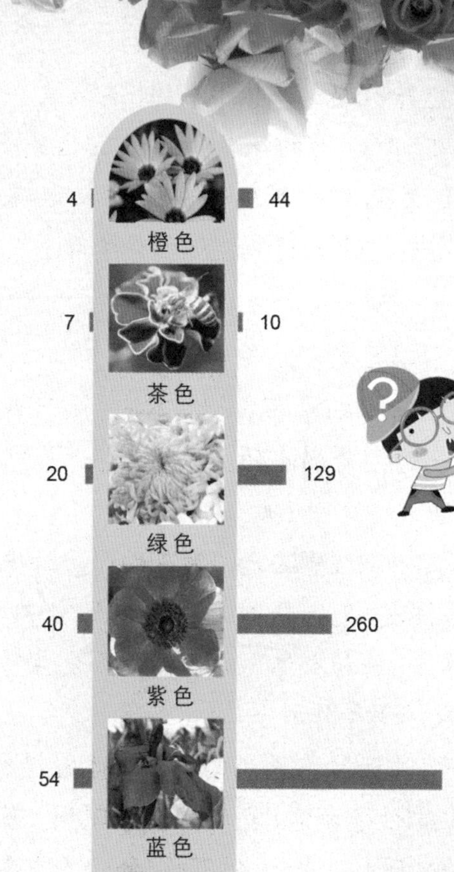

我来考考你，荷花、栀子花、玫瑰、康乃馨这四种花，哪种最香？

当然是栀子花咯！

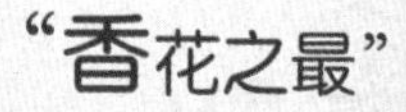

“香花之最”

一般来说，花的颜色越浅，香味越浓；颜色越深，香味越淡。

有人通过调查研究后发现：白色、黄色、红色这三色的花中，香花的种数非常多，尤其是白色花，可以称为“香花之最”。

所有的花都香气四溢吗

大自然中的花并不都是香味十足的，能散发香味的花只占其中的一小部分。有的花甚至会散发出臭味，比如鱼腥草。你一靠近它，便会闻到一股腥臭味；如果用手摸一下，一段时间内，手上的臭味是很难消除的。

花香疗法

接受花香疗法时，病人不打针、不吃药，只需坐在舒适的椅子上，一边闻着幽幽的花香，一边听着悠扬的音乐，就能慢慢康复。

花香为什么能治病呢？这是因为花的芳香油中一些有机化合物极易挥发，能够随同花香散发到空中，在人呼吸时进入人体内，并与人体内的某些物质发生作用，起到消炎、消毒或缓泻等作用。

但是，花香疗法必须在医生的指导下才能进行。因为各种香气的化学性质不同，药理作用也不同，有些花的芳香油中甚至含有剧毒，若使用不当，会使人中毒。

没有香味的“花中珍品”

山茶花是我国的传统名花之一，自古以来就被誉为“花中珍品”。山茶花品种多样，色彩丰富，但是没有香味。

不是只有花儿才香

一般植物的芳香油都贮存在花瓣细胞里，但也有些植物的芳香油集中在其他的部位。

薄荷、芹菜和香草的芳香油集中在它们的茎和叶里；肉桂的芳香油集中在树皮内；橘子、柠檬的芳香油则集中在果实中。

世界上最臭的花

生长在印度尼西亚苏门答腊森林中的大王花，刚开花时还散发出一点香味，但过不了几天就臭气熏天。它正是用这种强烈的臭味来吸引昆虫为它传粉。

树木的“百变衣”

为什么绿色的树叶到了秋天就慢慢变黄，然后掉落了呢？

深秋时节，我们发现有些树叶渐渐由绿色变成了红色，最后变成了黄色。为什么树木穿了一件随季节变化的“百变衣”呢？难道是因为到了秋天植物体内的营养不够了吗？还是有什么特别的东西会使树叶变色呢？

树叶变色的秘密是什么呢？原来，树叶中除了叶绿素以外，还含有花青素、类胡萝卜素、枣红素等，树叶的颜色取决于这些色素的比例，如：当叶绿素较多时，树叶就呈现绿色；当花青素较多时，树叶就呈现红色；当类胡萝卜素较多时，树叶就呈现黄色。

舍己为人的树叶

春天，植物发芽生长；夏天，渐渐枝繁叶茂；秋天，树叶变黄；临近冬天，树叶开始掉落。你知道吗？树叶的掉落其实是为了成全植物更好地生长。

春天和夏天，叶绿素在树叶中的含量比其他色素要丰富得多，因为这样才能更好地进行光合作用，制造植物生长发育所需的有机物和能量。所以，春夏时节，树叶呈现出叶绿素的绿色，而看不出其他色素的颜色。

到了秋天，许多树叶渐渐衰老。随着瑟瑟的秋风，枯黄的树叶悄然飘落。你也许为树叶的飘落而惋惜，但是你可曾想到，树叶凋落恰恰是树木的自我保护。

冬天来临后，阳光直射大地的时间变短，植物通过光合作用制造有机物的能力也大大减弱。这时，树维持活动所需的能量就需要由树根获取。而此时天气变冷，土地变得干燥，树叶渐渐成为树的负担。于是，它们默默地凋零，飘落在树干的周围，化作腐殖质来滋养泥土。所以，很多树都通过落叶来减少水分、养分的损耗，储积能量，等待来年春天再次发芽。

靠近路灯的树落叶晚

秋天，树木落叶，进入休眠状态，会形成一种脱落酸。脱落酸的形成与日照时间的长短有关。秋末冬初，日照时间缩短，脱落酸大量形成，树叶纷纷飘落。但是，靠近路灯的树在夜晚继续享受灯光的照射，这就影响了其体内脱落酸的形成。所以，靠近路灯的这些树，落叶要晚一些，有时甚至不落叶。

霜叶红于二月花

每逢霜降季节，北京的香山、南京的栖霞山、浙江的天台山都是漫山遍野的枫叶，一片火红，十分美丽。真是“停车坐爱枫林晚，霜叶红于二月花”。为什么枫叶一到秋天，就会变成红色的呢？

这是因为，春夏季节的枫树光合作用旺盛，树叶合成的有机养料能输送到枫树的各个部位。到了秋天，天气渐渐冷了，茎输送养料的能力逐渐减弱，树叶中所含的水分也渐渐减少。因此，树叶中合成的有机养料都滞留在叶片中，且越积越多，逐渐形成花青素。而且，随着气温降低，枫树中的叶绿素含量会逐渐下降并不断分解。此外，叶片中的花青素遇到酸性环境会变红色，而枫树所处的土壤环境正是酸性土壤，所以枫叶也逐渐变为红色。

不只是枫叶，与枫树同一科的槭树、柿树等的叶片，在霜降季节前后，也会变得鲜红鲜红，给大自然增添一道道亮丽的风景线。

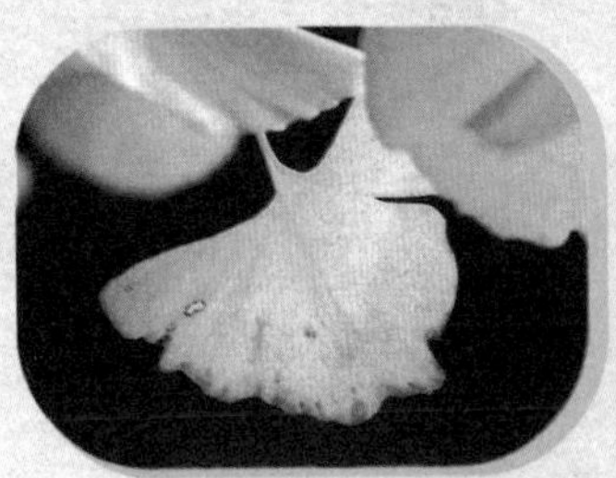

落叶的形状

秋天，落叶纷飞，像一只只蝴蝶一样飘落到大地上。每种落叶的形状各不相同，比如鹅掌楸的落叶像马褂，枫树的落叶像手掌，苹果树的落叶为卵状，银杏的落叶像一把小黄扇……真是美不胜收。

落叶一定会归“根”吗

落叶是一定会归“根”的，这符合万有引力的道理。落叶的“根”就是大地母亲。树叶落地，就像游子无论走多远，总要回到母亲的怀抱一样。归“根”的树叶腐化之后会为树木提供营养，助其长成一棵参天大树。

叶落归根

叶落归根，从字面意思来理解，是指树叶从树根生发出来，凋落后最终还是回到树根。比喻事物总有一定的归宿，多指做客异乡的人最终要回到故乡。这个成语出自于北宋文人释道原的《景德传灯录》第五卷中的“叶落归根，来时无口”。

远在海外的中华赤子常用“叶落归根”来表示思念故土之情。“叶落归根”一词的意思最早见于《荀子》，原句是“水深而回，树落（则）粪本”。这在《汉书·翼奉传》的注解里被引申为“木落归本，水落归末”。当时的语义比较浅显，也比较接近“叶落归根”这句俗话。后来，南宋诗人陆游干脆把这句俗话纳入诗中，作成“云闲望出岫，叶落喜归根”的佳句。

植物爱睡觉

为什么有些植物的叶子在晚上会像蔫了一样，而到第二天早上又生机勃勃了呢？

人需要睡觉，动物也需要睡觉，这是很平常的事。但你可能还不知道，其实植物也需要睡觉。科学家将植物的睡觉现象称为“睡眠运动”。例如，有的植物的叶和花会昼开夜合，有的植物的叶和花会夜开昼合。

树叶睡觉姿态多

树叶睡觉时千姿百态。

花生、大豆、含羞草等植物的叶，白天会迎着太阳舒展，一到晚上就成对地合拢起来；酸角草的叶白天朝上，到了晚上便垂下来了。

白天，阳光普照大地时，三叶草每个叶柄上的小叶会尽情地舒展，而当夜色笼罩大地时，三片小叶就会闭合在一起垂下来，进入睡眠状态。合欢树上羽毛状的叶在阳光的照射下，显得郁郁葱葱；不过一到傍晚，合欢树叶就会成对成双地合在一起，睡起大觉来。

花儿睡觉花样多

在植物各器官中，不只叶要睡觉，美丽的花也要睡觉，而且花的睡眠时间有早有晚，有长有短。

每当旭日东升的时候，睡莲花就会慢慢地张开它那美丽的花瓣，仿佛已从酣睡中醒来；每当夕阳西下时，它又会合拢花瓣，进入梦乡。

太阳花是个贪睡的小家伙，上午10时左右，它才刚刚醒来；一过中午，它就闭合起来睡觉了；碰到阴天，太阳花就特别贪玩，要到傍晚才肯进入梦乡。

还有的花儿与众不同，白天睡觉、晚上开放。比如，晚香玉的花，不但在晚上盛开，而且还格外芬芳；紫茉莉一般在下午5时左右开花，到第二天拂晓时才闭合起来睡觉。

更有趣的是，花儿的睡眠姿态各不相同。胡萝卜的花睡觉时会垂下头来，好像一个正在打瞌睡的小老头；蒲公英的花睡觉时会把所有的花瓣都向上竖起来闭合，看上去就像一个黄色的鸡毛掸子……

植物睡觉的真实目的

人和动物因为活动累了，所以才需要睡觉，以此来消除疲劳。那植物不跑也不跳，为什么也需要睡觉呢？原来，植物睡觉是为了适应环境、保护自己。

瞧！为了防止花蕊在夜间被冻伤，每到晚上睡莲就会合拢花瓣，好像睡着了似的。夜来香白天睡觉，晚上盛开，这样就可以吸引夜间的小虫子来帮助它传播花粉。合欢树一到晚上就呼呼大睡，目的是减少热量的散失和水分的蒸发……

白天和夜晚的阳光强弱变化大，气温高低悬殊，空气湿度也不完全一致。为了适应环境，获得生存空间，植物有着属于自己的生物钟。

活性物质让植物爱睡觉

植物的睡眠运动自古以来就受到人们的关注，最古老的记录出现在公元前4世纪。当时，亚历山大大帝曾命令他的将军："去调查看看，植物为什么爱睡觉？"但他们没有得出科学的结论。

18世纪，法国生物学家做了一个实验：把含羞草放在光线照不到的黑洞中，他发现含羞草的睡眠运动竟然持续了好几天。于是，人们才明白，原来植物体内有自己的生物钟，且不受外界环境的影响。可是，植物为什么会睡觉呢？科学家推测植物的睡眠运动可能是受其体内的一种活性物质控制。

真有这样一种活性物质吗？它的结构和成分是什么？植物学家们不断向这个谜团发出挑战。他们从植物中提取出数千种化合物，一种一种地分离、实验，前后经历了10年，终于从十几千克的植物中提取出了几毫克（1千克$=1\times10^6$毫克）两种控制植物睡眠活动的活性物质，一种是使叶片、花瓣闭合的"安眠物质"，一种是使叶片、花瓣张开的"兴奋物质"。植物的睡眠运动就是在这两种性质相反的活性物质的作用下产生的。

爱吃"荤"的植物

我们知道动物会吃小虫，那你见过会吃虫的植物吗？

自然界中有一些神奇的植物，它们爱吃"荤"。这些植物就是食虫植物。食虫植物广泛分布在世界各地，其中常见的有猪笼草、瓶子草、茅膏菜、捕蝇草等。这些食虫植物为了吃到昆虫，施展着各自的绝技，有些靠鲜艳的颜色、有些则靠香甜的花蜜来吸引昆虫。

食虫植物为什么爱吃虫

食虫植物大多生活在缺乏氮元素的贫瘠土地上。一旦植物体内缺少氮元素，植物就不能很好地生长，而小昆虫体内恰好含有丰富的氮元素，食虫植物吃这些小昆虫，其实就是在给自己的身体补充氮元素。

捕虫能手——猪笼草

猪笼草是著名的捕虫能手。它的秘密武器就是它那带有小盖子的美丽“瓶子”。

这个美丽“瓶子”的瓶口处能分泌出吸引昆虫的蜜汁，而“瓶子”内能分泌类似强酸的消化液。由于“瓶子”的内壁很光滑，一旦昆虫落入“瓶”内，它们随即失去了逃脱的机会，只能被猪笼草慢慢地“吃”掉。

不过，猪笼草的每张叶片只能产生一个美丽的“瓶子”。这个“瓶子”的雏形呈黄褐色，随着它渐渐成熟，“瓶子”会转变为绿色的或红色的，并慢慢膨胀起来。即使“瓶子”衰老、枯萎了，也不会在原处长出新的“瓶子”。

猪笼草吃虫的方法

猪笼草分泌的蜜汁，其实具有一定的麻醉作用。因此，昆虫一旦沾上蜜汁，就会像注射了麻醉剂一样处于麻痹状态，然后失足落入“瓶”内。“瓶”内的消化液会随着“瓶”口的敞开而蒸发掉一部分。不过，一旦夜晚“瓶”口闭合，消化液的量又会恢复如初。

巨型猪笼草

巨型猪笼草生长在菲律宾维多利亚山区。这种食虫植物能够分泌一种类似花蜜的物质，引诱没有疑心的猎物主动进入一个充满酶和酸的“死亡之池”。而它那充满黏性的下垂主叶脉，会使那些掉入陷阱的猎物再也无法逃脱。

所有猪笼草都能长捕虫笼吗？

不是的，只有生长在潮湿、向阳的地方才能长捕虫笼。

貌似河蚌的捕蝇草

捕蝇草的样子有点像河蚌，它的茎的顶端有两片厚厚的肉质叶，就像河蚌的外壳一样，能够自动开合。捕蝇草的肉质叶上还长着细针一般的硬毛。平常，捕蝇草的两片肉质叶是张开的，一旦小昆虫落在上面，触动了硬毛，肉质叶就会紧紧闭合，把小昆虫关在里面，用消化液慢慢地将它消化吸收。

奇特的瓶子草

瓶子草的叶非常奇特，看上去像是各种形状的瓶子，还有的呈试管状或是呈喇叭状。这些叶的内部能分泌出香甜的蜜汁，引诱贪吃的昆虫前来采蜜。瓶子草的结构与猪笼草有些类似，它的叶里也有消化液，小昆虫掉入叶中，就会被消化吸收。

具有“魔掌”的茅膏菜

茅膏菜的叶呈圆形，只有一枚硬币那么大，上面长着200多根绒毛，就像一根根纤细的手指。有人称它是“魔掌”，因为茅膏菜的叶既能伸开，又能合拢。在每根绒毛的尖端都有一颗闪亮的小露珠，这其实是绒毛分泌出来的黏液。这些露珠散发出蜜一样的香甜味，很多小昆虫闻香而至。不过，它们一碰到露珠，就会被粘住，这时“魔掌”立即合拢，把昆虫困死在里面。同时，绒毛上的腺体会分泌出大量含有蛋白酶的消化液，将昆虫消化吸收。

水中的捕虫大王——狸藻

狸藻是一种翠绿色的水草，一生都在水中度过。它几乎没有根，茎也很细弱。狸藻的叶缘上长着许多小口袋，那是它用来捕虫的工具。这些小口袋的构造很别致，每个口袋都有一个和外面相通的口子，口袋上还有一个小盖子，盖子上长着4根触毛。当水中的小虫游到小口袋边上，只要轻轻一碰，小盖子就向里面打开。小虫一旦游进口袋就再也出不来了，因为这个盖子只能从外面向内打开，而不能从里面向外推开。不过，狸藻不能像其他食虫植物那样分泌消化液，所以一定要等那些自投罗网的小虫们饿死、腐烂后，才能慢慢地将其吸收利用。

植物中的苦娃娃

具有浓浓苦味的植物有很多，比如“自报其名”的苦瓜、苦菜、苦丁茶等；“有苦不说”的莴笋、苣荬、芥蓝等；还有来自深山野外的山蘑子、山么楂、曲曲菜；以及南果北上的橘柚、广柑、柠檬。

其实，在自然界中，苦味植物的种类比甜味植物多，因为植物体内的很多物质是具有苦味的。不少的苦味植物对动物有害，而其苦味恰好可以提醒动物不要随意食用，这也是自然界的巧妙安排吧！

家住高山的黄连

黄连一般生长在海拔1000～1900米的山谷密林中或背阴潮湿的地方。黄连为多年生草本植物，根茎有很多分枝，呈簇生状，弯弯曲曲的形状就像鸡爪一样，表面呈灰黄色或黄褐色。其根茎黄色多节，成串相连，所以被称为黄连。

良药苦口是黄连

将黄连的根或叶放入一个有装有清水的杯子中，不久就能看到从黄连的根或叶里扩散出一种黄色的物质，这种黄色的物质就是“黄连素”。

黄连素是一种苦味很强的生物碱。黄连之所以会这么苦，就是黄连素的作用。同样，黄连能够治病，也是因为它含有黄连素。

请你各说出一种酸、甜、苦、辣的植物。

酸的有柠檬，甜的有荔枝、苦的有苦瓜、辣的有辣椒。

黄连到底有多苦

我们常说，哑巴吃黄连——有苦说不出。那黄连究竟有多苦呢？

有人做过实验，在1份黄连素中加入25万份的水，依然能尝出苦味。可见它有多么苦。普通植物中黄连素的含量只有万分之几，而黄连的根茎里含有7%的黄连素。因此，黄连的苦是名副其实的。

世界上最苦的植物

黄连那么苦，那它是世界上最苦的植物吗？科学家研究发现世界上有一种植物比黄连还要苦，那就是金鸡纳树，它的树皮中含有16%以上的黄连素，可以说是世界上最苦的植物。

传说，17世纪时，秘鲁首都利马经常发生疟疾，威胁着当地人民的生命。当地的印第安人找到一种对疟疾有特效的树皮，他们将这种树称为“生命之树”，并规定：谁泄露了这个秘密，便会被处以死刑。

1638年，担任秘鲁总督的西班牙钦琼伯爵和他的夫人金鸡纳来到了利马。不久，夫人也患了疟疾，吃任何药物都治不好。于是，总督府请来了一位名叫珠玛的印第安姑娘来照料总督夫人。金鸡纳的病一天比一天严重，珠玛姑娘出于同情，冒着生命危险采来了“生命之树”的树皮，用水煎后请夫人服用。几天后，夫人的病果然痊愈了。次年，“生命之树”便被移植到欧洲，并被植物学家改名为金鸡纳树。

植物中的苦娃娃

苦瓜 苦瓜是一年生草本植物，开黄花。苦瓜以味得名，是受人们喜爱的一种蔬菜，一般在夏秋季节可以吃到。苦瓜具有清热消暑、养血益气、补肾健脾、滋肝明目的功效。

莲心 莲子中间青绿色的胚芽，叫做莲心。莲心味苦，却是一味良药。中医认为它有清热、固精、安神、强心、降压的功效。莲心为什么会苦呢？这是莲子的自我保护措施。只有具有苦味，莲心才不会被小鸟等小动物食用，莲子才有机会生根发芽、繁衍后代。

西柚 西柚又叫做葡萄柚。大约在18世纪50年代，人们在拉丁美洲巴巴多斯群岛的加勒比海岛上发现了西柚。1823年，西柚被引种到美国佛罗里达州，进行商业栽培。西柚的果肉略带苦味，对心血管病患者及肥胖病患者有益。

苦菜 苦菜耐热、耐寒，适应性较强，是一种常见的杂草。苦菜具有很高的药用价值和营养价值，战乱时人们用它来充饥。后来人们发现，常吃苦菜的人基本上不生大病，且大多较为长寿。

常青树不常青

冬天，许多大树会纷纷落叶。那你见过松树、柏树落叶吗？

人们常把冬季不落叶的树叫做常青树。这类植物的主要特征是叶片呈针状、叶片有蜡质层，且耐旱，如松树、柏树。

但是，常青树也不一定真正常青，它们在冬季也会出现换叶的现象，即换去部分叶片。因为我们一般不会注意这些树木的少量落叶，所以把它们称为常青树。

常青树的叶也会变色

松树、柏树等常青树的叶在冬季虽然还呈绿色，但与春、夏、秋三季相比，颜色并不相同。由于冬天气温低，叶内叶绿素的生成受到限制，而花青素的含量相对增加，所以叶片就有些发红。这种颜色的变化，能减弱光合作用的效率，使树木的生理活动变得缓慢，有利于树木安全过冬。

松树落叶不在冬天

松树原是生长在寒带和高山地区的树木，由于长期在寒冷的环境中生活，形成了独特的御寒结构。松树、柏树的叶一般都呈针形、线形或鳞片形，叶片的表面积小，水分不容易蒸发散失。而且有的叶片具有较厚的角质或蜡质，有的还生有很厚的绒毛，这些构造都有效地阻止了水分的蒸发。同时，松树叶片内的水分少，又含松脂，当气温降低时，可以很快地使细胞液浓度增大，增加糖分和脂肪以抗冻。所以，虽在冬季，松树、柏树也不会因缺水而干枯，这些结构确保了松树、柏树的正常生活。

不过，松树、柏树的叶也是要凋落的。只是松树、柏树的叶的生活期长，可生活3～5年，脱落时又与新叶的生长互相交替，一般要在新叶发芽以后，老叶才开始枯落，所以松树、柏树看上去好像从来不落叶一样。

松树也会开花

因为没有娇艳的花瓣和浓郁的香味，松树的花并不起眼。一般，长在松树新枝顶端的是紫色的雌球花，从松树新枝基部长出的是淡黄色的雄球花。

松树为什么会出“汗”

松树的“汗”其实是流出来的松脂。松树的根、茎、叶中储存了大量的松脂，一旦树干受伤，松脂就会流出来，加速伤口愈合，同时杀死空气中的病菌，以保护自己不受伤害。

山上的松树为何特别多

树的生长离不开阳光和水。山地阳光充足，但斜地较多，土壤贫瘠缺水，一般的植物是很难存活的，只有松树例外。松树挺拔高大，四季常青。它耐高温、抗干旱、不怕风雨、不畏严寒，具有顽强的生命力。

松树能够在山地上生长，主要是因为松树的根扎得很深，可以充分吸收土壤中的养分。而且松树是针叶树，它的叶片细如针，一方面能减少水分的蒸发，另一方面能减小阻力，遇到大风时不容易被吹倒。

奇特的黄山松

奇松、怪石、云海、温泉被称为“黄山四绝”。

黄山松针叶粗短、苍翠浓密、干曲枝虬、形态万千，给人留下了深刻的印象。为什么黄山松长得那么奇特呢？

黄山松长得千奇百怪，是受环境因素的影响。黄山海拔高，地势崎岖不平，到处都是悬崖峭壁，黄山松无法垂直生长。山风昼夜呼啸，从山顶不停地向下劲吹，山上的松树为了生存不得不改变自己的树形，有的长成了旗子一般的形状、有的长成了雨伞一般的形状……

由于风吹日晒，黄山上的许多松树只在一边长出树枝。因生长的环境十分艰苦，黄山松的生长速度异常缓慢。一棵高不盈丈的黄山松，树龄往往超过一百岁。

在黄山，千姿百态的松树多得数不清。它们在悬崖峭壁的衬托下，犹如一件件硕大的盆景，令人赞叹不已。

百年不落叶的百岁兰

生长在安哥拉海岸的百岁兰能活上百年，常青不落。

百岁兰的根系特别发达，深扎在地底下，能吸收大量的水分，送往叶片。夜晚，海雾形成的露水又能使其叶面保持湿润。所以，百岁兰的叶一年到头都不会缺水，能保持旺盛的生命力。

沙漠中的坚强“勇士”

沙漠植物本领大

众所周知，沙漠里满是沙子、岩石，降水稀少，天气炎热。即便在如此恶劣的环境中，还是有一些本领超强的“勇士”生存了下来。

能在沙漠干旱、炎热的条件下生存的植物叫沙漠植物。仙人掌、芦荟、胡杨、沙漠玫瑰、新疆沙冬青、百岁兰等都属于沙漠植物。这些植物的生命力很顽强，为了适应沙漠恶劣的自然环境，练就了一身好本领。

刺是仙人掌的叶

仙人掌全身长满奇怪的细刺，这些刺其实就是已经退化变形的叶。为了能在干燥、炎热的大沙漠中活下去，仙人掌的叶退化成刺，而且又尖又硬。这样，它体内的水分就不会轻易蒸发了。

沙漠中的“饮料”

仙人掌具有很强的储水能力。当久违的甘霖降落到沙漠里时，仙人掌会竭尽全力“喝”饱水，并把水分储存在厚厚的肉质茎中。在沙漠中旅行的人们如果口渴了，砍倒仙人掌就能喝到“饮料”了。有人曾担心仙人掌竭力吸收水分会把身体撑破，其实大可不必为它操心。因为仙人掌的茎上有很多褶皱，平时茎是收缩着的，当需要吸水的时候，这些褶皱会慢慢地舒展开来，为自身创造一个足够大的储水空间。

仙人掌家族成员多

仙人掌是一种生命力十分顽强的植物。它们有的呈手掌状、有的呈圆球形、有的呈圆柱形，形状各异，种类繁多。

团扇形仙人掌 外形变化很大，有的丛生在一起，有的可以长得很高。

节段形仙人掌 没有用于储藏水分的肥大茎部，取而代之的是节段形的茎部构造，而且每段茎节都比较短。

蟹爪形仙人掌 会开花结果，但果实要经过一年才会完全成熟。成熟后的果实可食用，含有黑色种子，味道清甜。

森林形仙人掌 需要从外界吸收较多水分。

球形仙人掌 外形为圆球形，有的会变成椭圆形。

攀爬形仙人掌 具有气生根，可攀附在岩石或树干上。

光照对刺的生长有影响

光照强度影响着仙人掌的生长。如果光照强烈，仙人掌的茎会被晒成赤褐色，表面的刺会长得又粗又多；如果光照较弱，仙人掌的刺就会长得细小。

长相怪异实为抗旱

仙人掌的故乡在南美洲和北美洲的墨西哥。为了适应干旱少雨的沙漠环境，在漫长的岁月里，仙人掌不断改变着自己的形态和结构。

为了减少水分蒸发，仙人掌的枝条变成了凸起的棱，叶变成了根根肉刺或密密麻麻的茸毛。这样，枝条和叶的表面积大大减小了，就能最大限度地减弱蒸腾作用。

仙人掌可不能随便吃

有些人认为仙人掌不仅可供观赏，还具有杀毒灭菌的作用，是一种治病的良药。当出现伤口发炎、肚子疼等小病时，只要吃点仙人掌就能康复。有的饭店甚至以仙人掌为食材，做成菜肴。其实这是危险的做法。医学专家指出，有些仙人掌含有毒素，非但不能治病，反而可能添病。因此，大家千万不要随便食用仙人掌。

可食用的仙人掌

目前，我国从墨西哥引进一种叫“米邦塔”的可食用仙人掌，是一种保健蔬菜。这种可以食用的仙人掌不仅由墨西哥专家多年选育，而且经我国专家多年种植推广，在药用、观赏、美容等方面都具有一定的价值。

沙漠的脊梁——胡杨

胡杨和仙人掌一样，也能忍受沙漠干旱、多变的恶劣气候。胡杨长得歪歪扭扭的，圆圆的叶非常茂盛，表皮很粗糙。它的根可以扎到地下10米深处吸收水分。它还具有特殊的功能，不受碱水的伤害，同时还能贮存大量的水分抗旱。在塔里木河流域，对于胡杨，有“生而不死一千年，死而不倒一千年，倒而不朽一千年”的说法。

不老的活化石——铁树

一个硬朗的名字

铁树又名苏铁、凤尾蕉等。因其树干坚硬如铁，又喜欢铁质肥料，故以铁树命名。铁树原产于我国南部以及印度、日本等地，是世界上少有的、最古老的观赏性常绿乔木。

在恐龙出没的时代，地球上到处都是参天的铁树。后来，全球气候变冷，铁树只在热带地区存活了下来。

铁树开花真稀奇

铁树喜欢温暖湿润的气候，经受不住严寒。虽然生长缓慢，但是寿命长达200岁以上。对于生长地的土壤，铁树也有一定的要求，它们最适宜在排水良好、疏松肥沃的沙质土壤中生长。每年，自铁树的茎端能抽生出一轮新叶，一般10～20年后会开花，花期长达1个多月。

铁树开花具有很强的地域性。生长在热带的铁树，生长10年后年年都能开花结果。而生长在寒冷地域的铁树很少开花，因为当地低温干燥，铁树的生长速度会非常缓慢，所以当地的人们常用“铁树开花”比喻稀奇罕见的事情。

近年来，我国北方频频出现铁树频频开花的现象，这是因为这些铁树大多被当做盆景培养。养护人员十分注重培养铁树的各个环节，从幼苗培育到栽培技术都非常认真，甚至会选择高科技的肥料，因此这些铁树容易开花、结果。

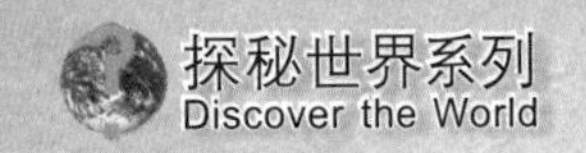

怪模样的铁树花

铁树是雌雄异株的植物，分为雌铁树和雄铁树。到了开花季节，雄株开雄花，雌株开雌花，雌花和雄花的长相不一样。铁树的雄花呈圆柱形，像一个巨大的玉米芯，刚开放时呈鲜黄色，成熟后渐渐变成褐色；雌花呈半球状，最初像一个灰绿色的大绒球，渐渐地变成褐色的大绒球。

铁树会结果

铁树开花后，就会长出白色的鲜果。一个月后，白色的鲜果成熟，变成了像板栗一样的橘红色果实。铁树的果实有毒，不能食用，食用量达到一定程度时有可能导致人窒息甚至死亡。

铁树会吃铁钉吗

普通植物只要从泥土中吸收一定量的铁，就能满足其生长的需要。然而，铁树“吃”铁的“胃口”特别大。为了满足它们对铁元素的需求，人们常常在铁树上钉几枚铁钉。

巴蜀三宝之一

四川省的攀枝花苏铁国家级自然保护区内有目前世界上面积最大的原始苏铁林，被称为“植物活化石”，与恐龙、大熊猫并称为“巴蜀三宝”。

更名多次的濒危物种

攀枝花苏铁是分布在四川的一种苏铁科濒危物种。早在1951年，植物学家就已经采集到攀枝花苏铁的标本，当时把它误认为篦齿苏铁，以后又误认为云南苏铁。直到1981年，在大量调查研究的基础上，分类学家才正式确认这一物种。攀枝花苏铁生长在金沙江干热河谷的特殊环境中。它的发现把苏铁植物自然分布的北界上推到北纬27° 11′，对植物地理区系和古气候、古地理研究有重要的价值。目前，这里有19万株以上的原始苏铁。而且，这里的苏铁每年都会开花，真是稀奇至极。

无心插柳柳成荫

“碧玉妆成一树高，万条垂下绿丝绦。不知细叶谁裁出，二月春风似剪刀。”你知道这首诗是在赞美什么吗？

飘飘柳树很坚韧

柳树是常见的树种之一。在我国，以西南高山地区和东北三省分布种类最多。

柳树，又名水柳、垂杨柳、清明柳，是一种常见的树木，喜欢在湿地生长，最高可以长到20～30米。柳树的树皮组织比较厚，枝条细长而低垂，柳叶又细又长，两端尖，边缘呈小锯齿状。

柳树有许多须根，这些须根深深地扎在泥土中，伸向四面八方，紧紧地拥抱大地，为树干提供丰富的营养。柳树不像松树那样伟岸挺拔，也不像杨树那样正直不屈，主干通常在两三米处就长出分枝，光滑柔软的枝条纷纷下垂。

柳树材质轻软，坚韧细致，纹理通直，容易切削，干燥后还不易变形，可以作为建筑、包装、箱板等的用材。

柳树不怕水来淹

柳树的耐水能力特别强。在被水淹没时，它们能生长出很多不定根。这些不定根漂浮在水中，有吸收和运输养分的功能，柳树也因此能继续好好生长。

柳树的宝宝——柳絮

每年2、3月份，柳树就要开花了。到了3月份，柳树的果实便成熟了。成熟的果实里会生出细小而带有白色丝状绒毛的种子，随风飘扬，这就是柳絮。

无心插柳柳成荫

俗话说："有心栽花花不开，无心插柳柳成荫。"这是为什么呢？

这里的"插柳"是指把一小段柳树的枝条插入泥土中。一段时间后，它就能长出不定根，并逐渐长成一棵小柳树。

柳树的繁殖是不需要果实或分根的。在春天、夏天，甚至秋天，随便折一根柳枝，插进水分比较多的土壤中，它就能扎根、发芽并一天天地茁壮成长，所谓"无心插柳柳成荫"就是对柳树的勃勃生机的赞誉。

阿司匹林是怎么发明的

阿司匹林是人们常用的具有解热和镇痛等作用的一种药品，它的学名叫做乙酰水杨酸。阿司匹林的发明源于随处可见的柳树。

早在4世纪时，古希腊的著名医生希波克拉底便发现了阿司匹林中的重要成分——柳酸。一次，希波克拉底在农村为一个产妇助产，产妇痛得大叫。她的外婆从口袋里掏了一些柳树皮，放进产妇口中让她咀嚼。奇怪的是，产妇的疼痛大为减轻，婴儿也顺利出生了。希波克拉底惊喜地发现，柳树的树皮竟有如此神奇的作用。后来，他就用柳树皮为病人治疗多种痛疾，并逐渐地发展到为发烧的病人退热。

你还知道哪些植物可以通过用根、茎、叶等培养新植株的方式繁殖吗？

红薯也可以通过这种方式繁殖。若把红薯藤剪成若干段，插在土中，几天后就会长出根来，接着就会长成新的红薯植株。

会“唱歌”的柳树

在非洲的象牙港，人们种植了一行行柳树。风儿吹、叶儿舞，柳树竟会发出像琴声一般的声音。这种柳树为啥能“唱歌”呢？原来，“唱歌”的秘密藏在它的树叶里。柳叶中的纤维，如同密密层层的“玻璃”，借助风的力量，柳叶之间相互碰撞，就会发出“叮咚”的声音。

咏柳诗句代代传

历代诗人以柳入诗，歌咏不绝。古代《诗经》中的“杨柳依依”早已成为人们千古吟咏的佳句。唐代以后，咏柳的诗词名篇迭出，如“柳絮飞来片片红，夕阳方明桃花坞”“依依袅袅复青青，勾引春风无限情”等。而在咏柳的诗词中，把柳树的柔美形象描绘得最真切动人的，要数唐代诗人贺知章的《咏柳》：“碧玉妆成一树高，万条垂下绿丝绦。不知细叶谁裁出，二月春风似剪刀。”

有关柳树的趣闻

在我国古代，人们相互送行时，不是握手，也不是挥手再见，而是找个有柳树、有桥的地方，送行的人折下柳枝，亲手递给将要离开的人。这就是所谓的“折柳送别”。

古代清明节那天，有在门前插柳枝的习俗。到了宋代，这种习俗更加盛行，不仅门前插柳枝，还在头上戴用柳条做成的帽子，坐着插满柳条的马车、轿子到郊外踏青游玩。

“外强中干”的竹子

你知道大熊猫最喜欢吃什么吗？

竹类家族是一个大家庭，兄弟姐妹众多。目前全世界约有1300种竹子，我国就有300多种。它们的形态不同，最普通的为圆形竹，还有茎秆呈四方形的方竹。它们的颜色也有很大差异，有碧绿生青的绿竹，皮呈黄色的黄竹，紫里带黑的紫竹……

每种竹子都有节。有些竹节之间的距离比较短，比如短节竹的节间距离只有几厘米，一根仅为1米高的短节竹，竟有23节。有些竹节之间的距离很大，比如粉箪竹的节间距离可达80厘米。

用途广泛的竹子

竹子的用途非常广泛。青皮竹材质薄而韧性大，拉力很强，可以作为良好的编制材料，夏天睡的凉席的主要材料就是青皮竹。撑篙竹的材质厚而坚实，可以作为撑船的撑篙。毛竹可以用来造房屋。云南的巨竹大得惊人，直径达30厘米，当地人把它锯断，当作水桶使用。

只长个子的竹子

人们常会发现，十几米高的竹子和刚长出来的竹子竟然差不多粗。这可真是奇怪呀！

竹子生长的速度很快，两三个月时间便能完全发育成熟。但是，竹子并不像树木那样一边长高、一边长粗。这是因为树木的茎内有一层细胞活性高的形成层，会不断地向四周分裂出新的细胞，使树干变粗。而竹子的茎内没有形成层，所以竹子只能长高、不能长粗。

雨后春笋

竹笋是从竹子的根状茎上长出的幼嫩的芽，可分为冬笋和春笋。冬笋长在竹子的地下茎上，外面包着尖硬的笋壳。冬季土壤干燥，这时竹笋长得很慢，有的芽暂时还待在土壤里，到了春天，气温回升，笋壳里的芽向上生长，就变成了春笋。春笋在生长过程中需要很多水分，春天雨水较多，春笋的芽喝足了水分，就像箭一样，从土壤里拱出地面，很快就长高了。

竹子开花就会枯萎

竹子是多年生一次开花的植物。它一生只能开一次花，结一次果。

大部分的植物会在生命最旺盛的时候开花结果，繁衍后代。而竹子开花是因为环境发生了干旱、气温反常等不利于它的生长的变化，目的是留下果实，把生命蕴藏在种子里。开花后，竹子会因体内的养分耗尽而枯萎。因此，竹子开花是一首生命的挽歌。竹子希望能在生命的最后时刻留下自己的种子，再造一片青翠的竹林。

“心有虚怀”的竹子

竹子的茎是空心的，这是为了更好地适应环境，以便抵大风、抗倒伏。

竹子的茎部中央的髓部很早就已经萎缩并消失了，而茎中的机械组织和维管束就好像钢筋混凝土，为竹子直立在林中提供支柱和保障。因此，空心的结构使竹子具有较强的支持力，可以长得更高而不会轻易地倒下。

吉隆坡的“大竹笋”

马来西亚电信总部大楼位于吉隆坡，楼高310米，共55层。它在吉隆坡可名声不小，因为它看起来就像一个破土而出的“大竹笋”。

“大竹笋”的设计者是卡特斯里建筑事务所的设计师们。他们把塔楼的外形设计成一个正在长出新芽的竹笋，既扎根于坚实的土地，又伸展出茁壮美丽的“竹叶”——一个个房间。

“四君子”

“四君子”是指梅、兰、竹、菊，这四种植物代表的品质分别为：傲骨、幽静、坚韧、雅淡。

“岁寒三友”

“岁寒三友”是指松、竹、梅，因为这三种植物在寒冬时节仍可保持顽强的生命力。这是中国传统文化中高尚人格的象征，人们常借此比喻朋友之间忠贞的友谊。

擅长画竹的怪才

我国古代最擅长画竹子的画家是“扬州八怪”之一的郑板桥。郑板桥一生画竹最多，是清代比较有代表性的文人画家，代表画作为《兰竹图》。

长寿的“慢性子”

银杏是人们平时常吃的杏子吗？

植物中的纤纤美女

银杏没有松树那么挺拔，也没有柏树那么高大，但它的树形十分秀气，像一个水灵灵的江南女子。银杏的树叶也很特别，看起来就像一把小扇子。它由叶片和叶柄组成，叶片的顶端有一条“大波浪”。每当春天来临的时候，银杏就会抽出绿色的嫩芽，慢慢长成扇子一样的绿叶。到了秋天，银杏叶渐渐变成了黄色，微风一吹，树叶随风飞扬，像正在翩翩起舞的美丽女子。

“慢性子”很长寿

银杏生长缓慢，是树木中的“慢性子”。它历经成百上千年都能开花结果，所以有着“长寿树”的美称。

古老的活化石

银杏是世界上最古老的树种之一，是曾与恐龙同时代生长的植物。银杏树种类繁多，树干可高达40多米。大约在3亿年前，银杏就遍布全球各地。后来，由于地球环境发生变迁，银杏树遭受了毁灭性的伤害，成了埋在地下的化石。值得庆幸的是，当时恐龙灭绝，银杏却在一部分地区生存下来。因此，银杏树又有了“活化石”的美誉。

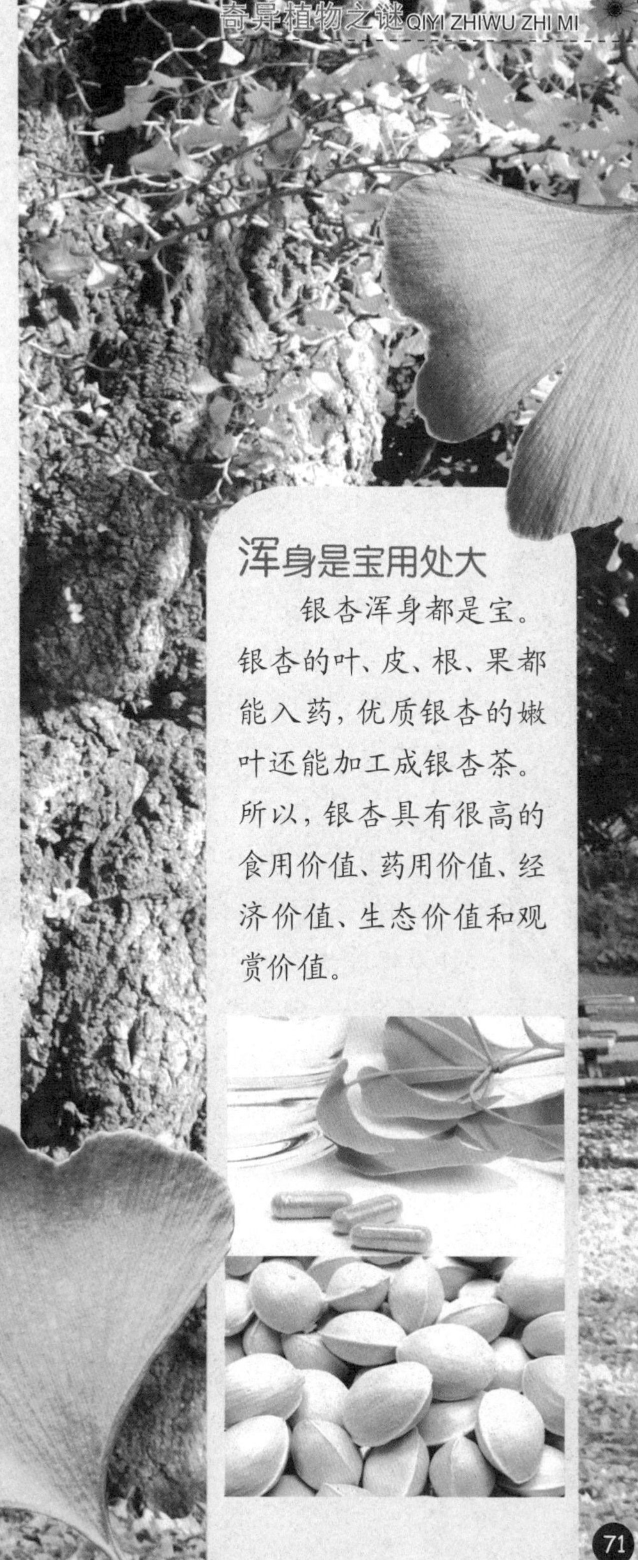

浑身是宝用处大

银杏浑身都是宝。银杏的叶、皮、根、果都能入药，优质银杏的嫩叶还能加工成银杏茶。所以，银杏具有很高的食用价值、药用价值、经济价值、生态价值和观赏价值。

“公孙树”的由来

银杏树生长缓慢，如果有一个人在年轻时种了一棵银杏树，一般需要等到他有了孙子的时候才能吃到银杏果，所以民间就有了“公公种树，孙子吃果”的说法。银杏也因此被人们戏称为“公孙树”。

中国千年银杏谷

中国千年银杏谷景区位于湖北省随州市曾都区洛阳镇。洛阳镇内古银杏树接连成片、汇聚成谷。

中国千年银杏谷是世界上最大的原生态古银杏群落，拥有510万株原生态的野生银杏树，其中百岁以上的银杏树1.7万株，千岁以上的银杏树有308株。每逢金秋时节，谷内遍地金黄，景色美不胜收。

天下银杏第一树

我国山东省日照市莒县浮来山下，有一棵树龄逾3000岁的银杏树。传说这棵银杏树是西周初期周公东征时栽下的。这棵银杏树的生命力极强，至今仍枝繁叶茂。当代书法家王炳龙先生挥毫为之题名“天下银杏第一树”。

什么是白果

银杏树属于雌雄异株的植物。雌树结的果实成熟后，将其收集起来，然后使用一定的加工方法使外面的果肉腐烂，得到里面坚硬的果核，这就是白果。

白果的个头如杏核一般大小，颜色洁白如玉。由于白果含有较多的碳水化合物、脂肪、蛋白质及维生素E、磷、钙、钾、硒等微量元素，它具有很高的营养价值。不过，我们不能食用过多的白果，否则会腹泻。

中国园林三宝

树中的银杏代表古老的文明，被称为国树。花中的牡丹，代表繁荣富强，被称为国花。草中的兰花，代表正气所宗，被称为国香。银杏、牡丹、兰花并称为中国园林三宝。

银杏的寓意

银杏是一种很浪漫的植物。每当一株雌银杏树枯死了，就会有一株雄银杏树枯死。银杏树、银杏叶、银杏果都昭示着美好，是健康长寿、幸福吉祥的象征。

植物王国的"巨人"——红杉

红杉是植物界的"巨人"。美国加利福尼亚州的红杉以古老、高大而闻名世界。这些红杉究竟还能活多久，谁也无法确切地知道，有的已达2200岁，看来还可以长久地活下去，甚至成为"万岁爷"。

红杉是从古老的上白垩纪时期遗留下来的稀有植物。随着地球气候的演变，许多红杉无法适应环境的变迁，逐渐减少，几乎绝灭。现在，红杉只生存在北美洲太平洋沿岸从俄勒冈州西南部至加利福尼亚州的蒙特雷约500千米的狭长地带上。那里土壤肥沃，气候湿润，是红杉理想的生长环境。

世界杉树之最

世界上最高大的杉树是生活在美国加利福尼亚州国家公园内的一棵红杉，大约高111米。如果用它做一个箱子，大概能够装下一艘巨大的远洋客轮。

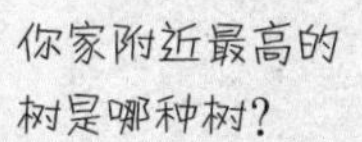

嗯……我得去调
查调查才知道。

“树大招风”

红杉没有主根，它的根向四周扩展的半径可达18～24米，但是向地下延伸的深度仅为3～4米。因此，遇到强风猛袭时，红杉树很容易被刮倒。

红杉的天敌除了强风，还有因雷电而引起的森林火灾。当你走在原始红杉林中，你不难发现很多高耸的树干都有被烧过的焦黑痕迹，有些树的底部甚至被灼烧成一个中空的黑色树洞。不过，成熟的红杉的树皮很厚且不含树脂，这就有助于它抵抗火烧。在坚硬厚实的树皮保护下，只要树干主体仍有一部分未受伤害，就能继续向上输送水分与养分，红杉也能继续存活下去。

长寿的活化石

长到20年树龄时，红杉就能结出含有成熟种子的球果，像葡萄一般大小。但它的种子只有芝麻那么大。为什么红杉可以从这么一颗小小的种子长到那么高呢？这至今仍然是科学界的一个未解之谜。

红杉长寿的重要原因之一是其树皮与树干中均富含能抵抗病虫害的化学物质。而且，红杉具有独特的再生繁衍方式。除了依靠种子繁殖后代外，红杉还能依靠自己进行"分离繁殖"，即它的新芽能从被砍断的残株或是倒木残留的母根处再生长出一株新的红杉。

红杉可以活到上千年之久，但平均寿命为500～700岁。到目前为止，曾被记录的最长寿的红杉树，已存活了2200多年之久。如果不是被人砍伐，这棵树说不定还能再活上好几百年。

红杉大家庭

美国加利福尼亚州的北部海岸是南北绵延600多千米的狭长地带，拥有明媚的海滨、幽静的河谷，特别是那片挺拔壮观的红杉林，使这个地区闻名全球。美国政府还为红杉建立了保护区，即美国红杉国家公园。在这个公园内，成熟的红杉树干高达70～120米，树龄大多达1000岁，是世界上罕见的植物景观之一。

“世界油王”——油棕

油菜籽能榨出菜籽油，花生能榨出花生油……那你知道世界上产油最多的是哪种植物吗？

“一亩能膏万口肠，油棕毕竟是油王。

花生九倍差堪拟，椰子千枚难较量。”

这是我国当代著名诗人郭沫若赞赏油棕的诗句。可见，油棕是名副其实的“世界油王”。

“世界油库”的明星

油棕原产于非洲西部。由于树形有点像椰子，所以它也被人们称为“油椰子”。很长一段时间，它一直默默无闻地生长在非洲森林中，不被人们所了解。直到20世纪初，油棕才被人们发现和重视。时至今日，它已经成为世界“绿色油库”中的一颗明星。

名不虚传的"油王"

油棕四季开花，果实如拇指一般大小，结成大大的一串，每串成熟的果实重20多千克。油棕的油质好，而且产油量高，其亩产油量是椰子的2～3倍，花生的7～8倍，所以被人们誉为"世界油王"。

我国的油棕主要分布在海南岛一带。

有趣的油棕果实

油棕的果实特别有趣，总是成串地"躲藏"在坚硬且边缘有刺的叶柄里面。它们近似椭圆形，表皮光滑，刚长出来时呈绿色或深褐色，大小如蚕豆，成熟时逐渐变成黄色或红色。

将成熟的油棕果采摘下来后，加点糖或盐用水一煮，就可以直接供人们食用了。其果肉油而不腻、清香爽口，但果肉中含有一些比较粗糙的纤维，容易塞牙缝。

揭秘油棕油

油棕油就是从油棕果实中榨出的油。它是优质的食用油，还可以精制成高级奶油、巧克力糖等。

油棕油含有大量的类胡萝卜素、维生素E和微量胆固醇，而且燃点较低，用它炸出来的土豆和方便面等食品，不仅清香酥脆、美味可口，而且能耐长期贮藏，所以热带地区的人们很早以前就把它视为上等的食用油。

经过加工提炼的油棕油清如水、滑如脂，不仅可以药用和食用，而且是机械工业和航空运输业必不可少的高级润滑油，同时还是一种很好的钢铁防锈剂和焊接剂。

此外，油棕的原油还可以用来生产肥皂、香皂等。

油料作物大集合

油棕与油菜、芝麻、大豆、花生、油桐等都属于油料作物。

橄榄油这个名字很容易让我们误以为是从橄榄中榨出来的油。其实不然，它是从一种专门的油料植物——油橄榄中榨取的。

油橄榄的故乡在地中海一带。它是一种常绿的树木，用它的果实榨出的油芳香可口、营养丰富，被人们誉为“品质最佳的植物油”。

"富得流油"的植物

从植物中不仅可以榨取食用油，还能提炼出汽油、柴油等能源油。

在澳大利亚北部地区，生长着两种特殊的植物，一种叫桉叶藤，另一种叫牛瓜角。从这两种植物中提炼出来的白色乳液能制成石油。

在巴西的热带雨林中，生长着许多藤本植物。这些藤本植物分泌出的汁液，有的能用于提炼柴油，还有的能用于提炼汽油。

火红的英雄树——木棉

你见过红色的木棉花吗？木棉开花的时候有叶子吗？

木棉树形高大，雄壮魁梧，树冠总是高出附近周围的树群，以争取到更多的阳光。木棉枝干舒展，花红如血，硕大如杯，远观好似一团团在枝头尽情燃烧、欢快跳跃的火苗，极有气势。由于木棉这种奋发向上的精神及鲜艳似火的大红花，木棉被人们视为英雄的象征。

见花不见叶的木棉

木棉是一种生长在热带及亚热带地区的落叶乔木。木棉的树干虽然粗大，但木质太软，用途并不多。

每年2、3月份，是木棉树开花的时候。满树的花朵艳丽如霞，但是找不到一片树叶。这是为什么呢？

这是木棉的花芽和叶芽生长需要不同的温度造成的。木棉的花芽生长需要较低的温度，而叶芽生长却受不了这么低的温度。所以当木棉花开的时候，都不见树叶。等气温渐渐升高，木棉的叶芽才开始生长，此时木棉花已凋谢了。

木棉别名多

木棉，又名“攀枝花”“红棉树”“英雄树”“吉贝”“烽火”“斑枝”“琼枝”等。

木棉的树干挺拔高大，果实都高挂在树枝顶端。为了得到果实里的棉絮，人们往往需要爬到高高的树干上去采摘，所以有了“攀枝花”这个名字。

木棉花红艳硕大，有着如燃烧着的烽火一般的景观。南越王赵佗称之为“烽火”，并从岭南各种“奇珍异宝”中选择这种特产花树来进献给汉帝。

又名“琼枝”则是因为木棉在海南（琼）岛生长。

木棉佳句

最早称木棉为“英雄”的是清朝人陈恭尹。他在《木棉花歌》中形容木棉花“浓须大面好英雄，壮气高冠何落落”。1959年，广州市长朱光撰写的《望江南·广州好》50首中，有“广州好，人道木棉雄。落叶开花飞火凤，参天擎日舞丹龙。三月正春风”之句。

巧用木棉的人

从古至今，西双版纳的傣族人民巧妙而充分地利用着木棉。

傣族织锦，取材于木棉的果絮，称为“桐锦”，在中原地区闻名遐迩。傣族人民还用木棉的花絮或纤维做枕头、床褥的填充料，十分柔软舒适；在餐桌上，还有他们用木棉花瓣烹制成的菜肴。

“市花”木棉花

早在1930年，广州就将木棉花定为市花，并于1982年再次选定它为市花。因为木棉开着红花，所以在当地也被称为红棉花。广州人以鲜艳似火的大红花比喻英雄奋发向上的精神，因此木棉花被称为“英雄花”，因此广州又有“棉市”之称。

一字之差：木棉与石棉

木棉与石棉相差一个字，但两者完全不同。木棉是植物，而石棉是一种矿物，而且是天然的纤维矿物，具有良好的抗拉强度和隔热、防腐性能，因此石棉被广泛应用于工业领域。

遍布世界的太阳花——向日葵

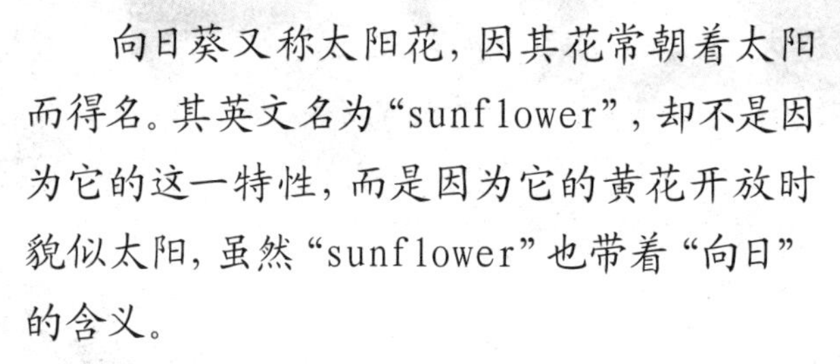

向日葵又称太阳花，因其花常朝着太阳而得名。其英文名为"sunflower"，却不是因为它的这一特性，而是因为它的黄花开放时貌似太阳，虽然"sunflower"也带着"向日"的含义。

北美洲的印第安人早在公元前3000年就开始栽培向日葵，主要用于食用、观赏及药用。1510年，向日葵被引入西班牙后逐渐东传至大半个欧洲，1769年再由荷兰北传至俄国。1830～1840年，俄国农民开始将向日葵作为油料作物栽培。

迎着太阳露笑脸

向日葵是一年生草本植物，一般高达1～3米。不过，向日葵花盘的背面特别“胆小”，一见到阳光就会躲开。为什么呢?原来，向日葵的花盘下面的茎部含有一种奇妙的植物生长素。一遇到阳光照射，这种生长素就会转移到茎的背光的一面，于是，这一面的生长素就会越积越多，并且刺激向日葵背光的一面迅速生长，而向阳的一面就生长得相对缓慢一些。这样，向日葵的茎也就向有光的一面弯曲了。

一天中太阳在空中的相对位置发生改变，生长素也在向日葵的体内不断地移动。因此，向日葵的花盘就始终对着太阳露出笑脸，就好像一直跟随着太阳转动。

当向日葵的花盘完全盛开以后，花盘会变得越来越重，此时茎部的生长素也越来越少，向日葵花盘随着太阳转动的现象就会慢慢消失。

我国何时有向日葵

大约在明朝时，向日葵被引入我国。我国最早记载向日葵的文献为明朝人王象晋于1621年所著的《群芳谱》。该书中尚无“向日葵”一名，只在“花谱三菊”中附“丈菊”。“向日”之名，约于1635年出现在文震亨的《长物志》中。1820年，谢方在《花木小志》中记载：向日葵处处有之，既可观赏，又可食用。这说明当时向日葵已在中国广为种植。

俄罗斯国花——向日葵

向日葵是向往光明之花，给人们带来美好的希望。俄罗斯人民热爱向日葵，并将它定为国花。

向日葵与转动的房屋

德国的一位建筑师从向日葵上获得灵感，建成了一幢能随着太阳转动的房子。房子的形状像金字塔，重180吨，建在一个水泥平台上，平台装载能转动的转向架。转向架的基座是位于地下、用六根柱子支撑的环形轨道。

最为神奇的是，它装有红外线跟踪器。晨曦初露，房屋上的马达就会启动，令房屋迎着太阳缓慢转动，始终与太阳保持最佳的角度，使阳光最大限度地照进屋内。夜幕降临，房屋又会在不知不觉中缓慢复位。这种建筑能够充分地利用太阳能，保持房屋的日常供热和供电。由于采用了金字塔式结构，房屋还获得了最大的使用空间，真可谓匠心独具啊！

向日葵是葵花籽的妈妈

小朋友，你吃过葵花籽吗？你知道吗？我们经常吃的葵花籽是从向日葵的管状花中产生的。向日葵花盘中的每朵小管状花几乎都能结出一粒葵花籽。

凡·高与《向日葵》

1888年4月，35岁的凡·高从巴黎来到阿尔，来到这座法国南部小城寻找他的阳光……在这里，凡·高创作了大量描绘向日葵的作品，其中最著名的是目前收藏于伦敦国家画廊的《向日葵》。

向日葵不是一朵花

乍一看，向日葵的大花盘就像一朵花。如果你细细地观察这个大花盘，就会发现向日葵的花盘上有两种花：外面是一两圈舌状花，有橙黄、淡黄和紫红色，具有引诱昆虫前来采蜜授粉的作用；中间由几百朵密密麻麻的小管状花组成，每朵管状花上都长有雄蕊和雌蕊。这些簇生的小花有规律地排列在一起，组成了一个美丽的大花盘。

秋天的预报员——菊花

深秋时节，山峡原野红衰翠减，唯独秋菊有佳色，傲霜怒放。菊花是人们喜爱的花卉之一，在中国有至少2000年的栽培历史了。

菊花，又叫黄花，可以说遍布全球，大约有25000种。菊花于中国起源，2000多年前，大多是黄菊；到了唐代，开始有白菊、紫菊。菊花的品种名目众多，它们争奇斗妍、色彩缤纷、清芳幽香、不畏寒霜。即使花残了，花朵也不脱落，花枝仍然挺拔。

中国人极爱菊花。在宋代时，民间就有一年一度的菊花盛会。菊花不仅能观赏，还能食用、入药。供人观赏的品种，主要为雏菊、蓝菊、翠菊、万寿菊等；食用的主要为杭菊，是泡茶的佳品；药用的主要有滁菊、山林中生长的野菊花等。

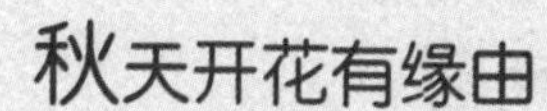

秋天开花有缘由

菊花因开于晚秋，并具有浓香，故有“晚艳”“冷香”之雅称。

菊花开放对日照时长有要求。阳光是植物生长、开花、结果的一个重要因素。有的植物属于长日照植物，需要白天长时间阳光照射，比如小麦；有的植物属于短日照植物，需要较短时间的阳光照射，比如大豆、棉花。菊花属于短日照植物，不能接受长时间的阳光照射。夏天烈日炎炎，光照时间过长，而秋天秋高气爽，昼短夜长，光照时间短，所以菊花选择在秋天开放。

傲霜斗寒本领大

菊花傲霜斗寒的本领大，不像其他花种，需要较高的气温条件。原来，菊花体内含有很多的糖分，不仅能提供足够的能量，还能增加细胞液的浓度，使体内细胞在气温降低的情况下不容易结冰。这就大大提高了菊花对抗严霜冻害的本领，即使深秋时节气温逐步降低，它也能在寒冷的天气里傲然开放。

变异造就多品种

我国是菊花的故乡。与其他植物相比，菊花产生的变异更为频繁，经过数千年的自然选择和人工选择，据不完全统计，至今已产生了7000多个品种，使菊花的花形更奇特，色彩更美丽。

原始的菊花是一种长在野地里的小黄花，后来人们通过栽培、嫁接、授粉等多种手段对其进行培养，就出现了越来越多的菊花品种。

小花朵叠成大菊花

我们平时看到的一朵大菊花其实是由许多小花组成的。就像向日葵那样，菊花四周一圈圈的小花为舌状花，中间一簇簇细细长长的花为管状花，它们共同组成了一朵大大的菊花。

秋天的预报员——波斯菊

波斯菊最先向我们传达秋天的信息。那么，波斯菊是怎么知道秋天来了，并准时开花的呢？

原来，波斯菊是一种对昼夜长短非常敏感的植物。它的体内有一个生物钟，开花时期在白天开始变短的夏末秋初时分。

像波斯菊这样，当白天的时间缩短到一定的程度后才会开花或结果的植物还有玉米、牵牛花等。

“四大切花”

世界四大切花是指月季、菊花、康乃馨、唐菖蒲。菊花在世界切花生产中占有重要位置，产量居四大切花之首，约占总量的30%。

切花要求花形整齐，花径在7～12厘米，花色鲜艳，无病虫害，花茎笔直，高80厘米以上，水养保质期长。

菊花仙子的故事

很早以前，有个叫阿牛的孩子。阿牛的母亲因子幼丧夫，生活艰辛，经常哭泣，后来双目失明了，不知吃了多少药，仍不见好转。

一天夜里，阿牛做了一个梦，梦见一个漂亮的姑娘告诉他："沿运河往西有一株白色的菊花，能治眼病。这花要九月初九重阳节才会开放。"于是重阳节那天，阿牛带了干粮去寻找白菊花。阿牛的母亲吃了白菊花后，眼睛渐渐复明了。

后来，菊花仙子又教会阿牛种植白菊花的方法，阿牛又教会了村上的穷苦百姓。于是，这一带种白菊花的人就越来越多了。

因为阿牛是九月初九找到这株白菊花的，后来人们就将九月初九定为菊花节，并形成了赏菊花、喝菊花茶、饮菊花酒的风俗。

爱菊的五柳先生

"结庐在人境，而无车马喧。问君何能尔，心远地自偏。采菊东篱下，悠然见南山。"这是东晋末期南朝宋初期诗人、文学家、辞赋家、散文家陶渊明的著名诗句。在陶渊明的诗句中，菊花是花中的隐士，优美、宁静且淡雅。诗句中，也体现着陶渊明对淳朴的田园生活的热爱，对理想世界的追求和向往。

有白色、黄色、橙色……

害羞的小姑娘——含羞草

你见过含羞草吗？你碰到它时它会有什么反应呢？

人们通常认为，植物没有神经系统，没有肌肉，不能感知外界的刺激，因此它们不能像动物那样对刺激作出反应。

但是有些植物十分例外，它们也有“感觉”。比如有一种花卉，当它受到外界触碰时，叶柄会下垂，叶片会马上闭合，看起来好像很“害羞”的样子。所以，人们把这种花卉叫做含羞草。

害羞也是种本领

含羞草的故乡在南美洲的巴西。那里处于热带地区，常有狂风暴雨。当狂风吹动小叶、暴雨打到小叶时，它的叶片就会立即闭合，叶柄也会下垂，以躲避狂风暴雨对它的伤害。因此，含羞草的行为是它对外界环境变化的一种适应。另外，这也可以看作是一种自卫方式，动物稍一碰它，它就合拢叶子，这样动物也就不敢再吃它了。

“有气无力”的含羞草

含羞草是一种小巧玲珑的花卉。它的叶片细小，在叶柄的两侧左右对称，就像鸟的羽毛一样。如果你用手轻轻碰一下它的叶片，叶片就会马上合拢，触动的力量越大，合拢得越快，甚至还会传递到相邻的叶片呢！那时所有叶柄都会垂下，一副“有气无力”的样子。

含羞草为何如此“害羞”

含羞草的叶片和叶柄的基部都有一个比较膨大的部分——叶枕。叶枕对外界刺激的反应最为敏感。一旦碰到叶片，刺激立即传到叶枕，引得两个小叶闭合起来；外界触动力大一些时，不仅传到小叶的叶枕，而且很快传到叶柄基部的叶枕，这样整个叶柄就下垂了。

为什么会这样呢？因为叶枕内部长有许多薄壁细胞，这种细胞对外界的刺激很敏感。叶枕里面有许多水分，一旦叶片被触动，刺激就立即传到叶枕，叶枕里的水分由叶柄基部流向了它的上部。上部质量增加，叶片就合拢起来了，叶柄也因此下垂。经过5～10分钟，细胞里的水分又逐渐流回叶柄，叶片就又渐渐恢复原样了。

害羞时间原来很短

有人做过一项研究，含羞草在受到刺激后的0.08秒钟内，叶片就会开始闭合。刺激传导的速度很快，最高速度可达每秒10厘米。受到外界刺激后，稍过一段时间，又慢慢恢复正常，小叶又舒展开来，叶柄也竖立起来。这一恢复的过程一般需要5～10分钟。

如果你接连不断地刺激含羞草的叶子，它好像会产生“厌烦”的感觉，不再做出任何反应。其实，这是因为连续的刺激使得叶枕细胞内的水分流失了，不能及时得到补充，所以也就无法做出反应了。

含羞草会开花吗？会在什么时候开花呢？

含羞草会开淡红色的小花，花朵与杨梅一般大。盛夏时节是含羞草的花期。

含羞草也会“装死”

我们都知道，麻醉剂可以使动物失去知觉，停止活动。那么植物呢？麻醉剂会不会对植物起作用呢？为此，植物学家给含羞草注射了最普通的麻醉剂。之后，无论你怎么触动它，含羞草都“无动于衷”。看来，含羞草也过不了麻醉这一关。

杨贵妃与含羞草

传说杨玉环刚进宫时，终日愁眉不展。有一次，她和宫女们一起到御花园去赏花，无意中碰到了含羞草，含羞草的叶立即闭合起来，宫女们都说这是杨玉环的美貌使得花卉自惭形秽，羞得抬不起头来。

含羞草与小肠内窥镜

受到含羞草的启发，日本奥林巴斯公司的科研人员研制出一种可以伸到小肠中的内窥镜。他们在内窥镜的筒状部分使用了一种与含羞草叶片表面结构类似的弹性膜材料。它在肠道流体的压力下，会自动伸长或弯曲，使得内窥镜的筒状部分与肠道保持一致的形状，从而减少肠道检查中的异物感。

古罗马的守护之神——无花果

苦瓜被称为苦瓜是因为它很苦，那无花果被称为无花果是因为它不开花吗？

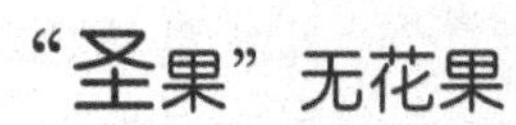

“圣果”无花果

无花果是桑科落叶灌木或小乔木，主要生长在热带地区及温带地区。无花果的栽培历史悠久，原产于欧洲地中海沿岸和中亚地区。在地中海沿岸国家的古老传说中，无花果被人们称为“圣果”，主要用于作祭祀过程中的果品。

名不副实的无花果

在植物王国中，有果必有花，无花哪有果，无花果难道会例外吗？

无花果的叶很奇特，就像一个个绿色的手掌。无花果的形状也很有意思，像一个个小小的绿气球。那么，无花果到底有没有花呢？

当无花果树长出小无花果时，你可以摘下一个无花果观察一下。你会发现在它的顶端有一个小疤痕，细看还有一个小孔。用刀把无花果切成两半，你会发现外表看起来非常饱满的无花果其实是空心的，里面挤满了密密麻麻的“绒毛”。这些“绒毛”就是无花果的花。

其实，我们平时吃的无花果，并不是无花果的果实，而是它的花托膨大形成的肉球，无花果的花和果实藏在这个肉球里面。所以从外表上看，我们看不到无花果的花。这种花在植物学上属于“隐头花序”。无花果的雄花、雌花是上、下分开的，一朵雄花和一朵雌花会结出一个小果实，也藏在肉球内。因此，无花果其实是名不副实的。

排毒“能手”

无花果含有大量的果胶和维生素。果实吸水膨胀后，能吸附多种化学物质。所以，食用无花果后，能使肠道中的有害物质被吸附后排出体外。因此，无花果是一个排毒“能手”。

“守护之神”的传说

无花果是人类最早栽培的果树之一，至今已有近5000年的栽培历史。

古罗马时代有一株神圣的无花果树，因为它曾庇护过古罗马的创立者——罗穆路斯王子，使王子躲过了凶残的妖婆和啄木鸟的追赶。因此，这株无花果树后来被命名为“守护之神”。

无花果开花的季节，会有一种小虫顺着花托的小孔钻进去，爬上爬下忙碌着。你知道这些小虫在干什么吗？

它们是在帮无花果传粉。

坚强的无花果

无花果的生命力顽强且适应性极其强，只需截一段枝干，插在有土有水、向阳背风的温暖地方就能成活。一般，第一年扦插，第二年就可结果。无花果扎根于艰苦的环境，不仰慕肥沃的土壤，不钦羡艳丽的奇葩，不倚赖醉人的芳香，顽强成长，甘于寂寞。

无花未必果不甜

夏秋时节，无花果陆续成熟，泛着黄晕，圆润饱满。撕下熟透了的果皮，慢慢地掰开，淡淡的幽香扑鼻而来；果肉润泽晶莹，肉质柔软，甘甜如柿。无花果的营养价值极高，鲜果中果糖和葡萄糖的含量高达15%～28%，除含有18种氨基酸、有机酸、特殊功能酶和维生素外，还含有硒、磷等多种微量元素，能提高人体的免疫力，具有润肺止咳、消肿解痛、防癌抗癌等功效，而且无花果树干、树枝、树叶都可入药，无花果树全身都是宝。

情绪调节“专家”——香蕉

“黄金布，包银条，中间弯弯两头翘。”小朋友，请你猜猜这是什么水果。

“平民”水果——香蕉

香蕉是热带水果中的“平民”，营养丰富，鲜果肉质软滑，价格便宜又香甜可口，是我们经常食用的水果之一。

香蕉富含碳水化合物及丰富的营养物质，如蛋白质、脂肪、维生素等。香蕉中钾和镁的含量很高，钾能防止血压上升及肌肉痉挛，镁具有消除疲劳的功效。

香蕉还对消化、吸收有一定的帮助。无论是儿童，还是老年人，都能安心地食用，还能获得丰富的营养。

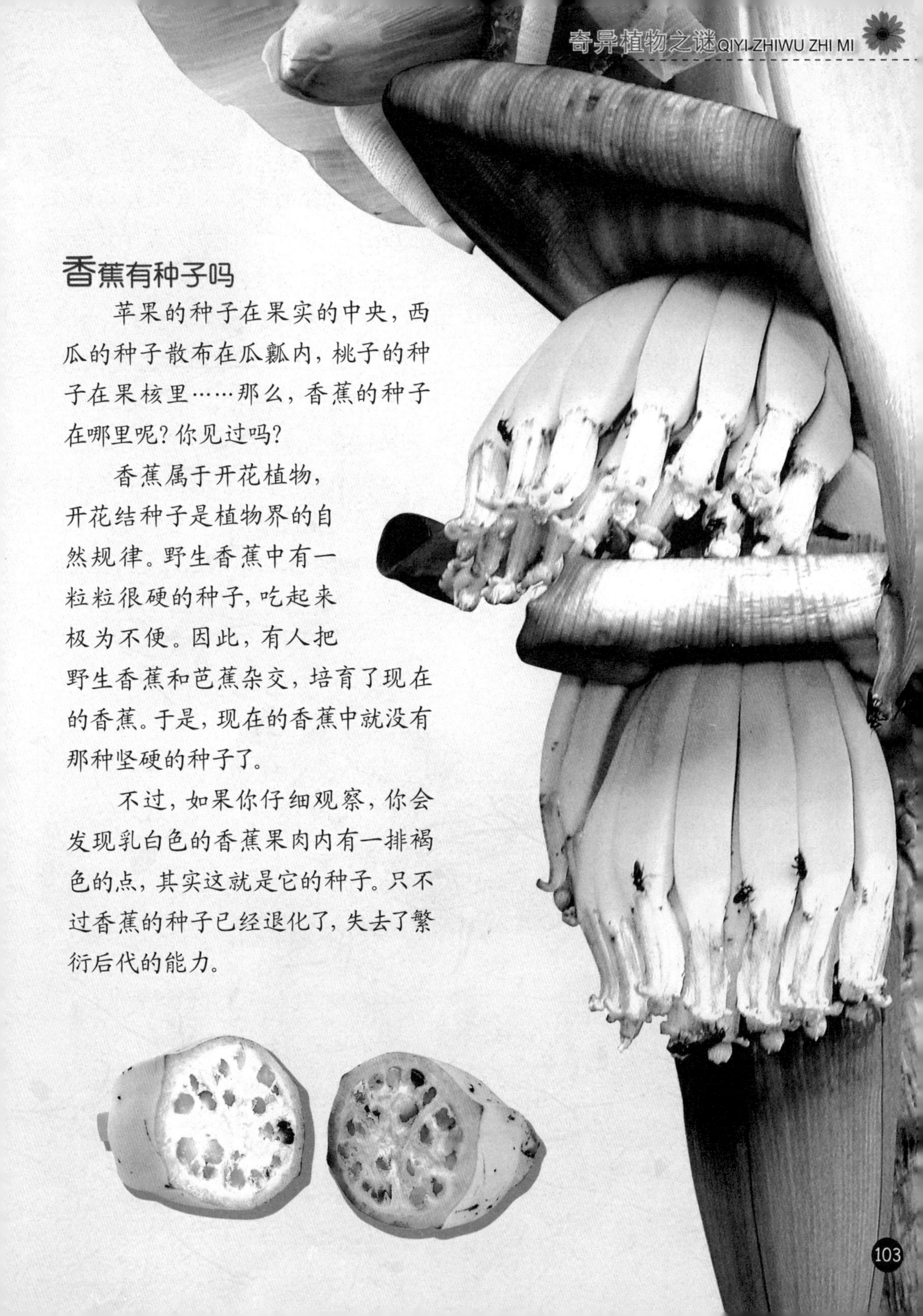

香蕉有种子吗

苹果的种子在果实的中央，西瓜的种子散布在瓜瓤内，桃子的种子在果核里……那么，香蕉的种子在哪里呢？你见过吗？

香蕉属于开花植物，开花结种子是植物界的自然规律。野生香蕉中有一粒粒很硬的种子，吃起来极为不便。因此，有人把野生香蕉和芭蕉杂交，培育了现在的香蕉。于是，现在的香蕉中就没有那种坚硬的种子了。

不过，如果你仔细观察，你会发现乳白色的香蕉果肉内有一排褐色的点，其实这就是它的种子。只不过香蕉的种子已经退化了，失去了繁衍后代的能力。

香蕉为什么会变黑

小朋友，请你做一个小实验，将香蕉的外皮弄破一点点，过半个小时，你发现了什么呢？

你是否发现香蕉的外皮表面出现了黑色的斑点？你知道这是为什么吗？原来，这是因为香蕉表皮细胞中的活性物质与空气中的氧气发生了反应，产生了一种黑色物质。因此，香蕉挨了冻，或者外皮被碰伤、碰破时，外皮表面常常会出现黑色的斑点。

“脱了绿衣换黄衣”

绿绿的香蕉放置几天后就会换上一身黄“衣裳”。为什么香蕉的“外衣”会变颜色呢？

原来，香蕉未成熟时，香蕉“外衣”中叶绿素的绿色较多，其中叶黄素的黄色没有呈现出来，所以香蕉看上去是绿色的。放置一段时间后，香蕉自身分泌酶会与叶绿素发生反应，叶绿素被破坏了。这时，绿色逐渐消失，香蕉就换上了一身黄色的新“衣裳”。

你知道“南国四大果品”分别是什么吗?

情绪调节“专家”

德国营养心理学家帕德尔教授发现，香蕉中含有一种神奇的物质。这种物质能迅速将人体获得的信息传入脑中，从而使人感到心情愉快、安静，甚至降低身体的疼痛感。

我知道，它们分别是香蕉、菠萝、桂圆和荔枝。

减脂“专家”

香蕉对减脂相当有效，可谓“减脂专家”。它所含的热量低，纤维含量高，可以帮助人们控制食欲，有助于控制体重、保持良好的体形。

没熟透的香蕉会加重便秘

人们普遍认为香蕉具有润肠的作用，便秘的时候吃香蕉就能润肠通便。

其实并非所有的香蕉都有润肠作用，只有熟透的香蕉才具有上述功能。如果食用了过多没熟透的香蕉，不仅不能通便，反而会加重便秘。因为，没有熟透的香蕉含有较多的鞣酸，对消化道有收敛的作用，会抑制胃肠液的分泌和胃肠的蠕动。

瓜中之王
——哈密瓜

你吃到过酸的哈密瓜吗？为什么哈密瓜都特别甜呢？

瓜果之乡——新疆

新疆是名副其实的瓜果之乡，也是哈密瓜的故乡。由于地理条件独特，新疆非常有利于瓜果的生长，一年四季瓜果不断。

“吐鲁番的葡萄哈密的瓜，叶城的石榴人人夸，库尔勒的香梨甲天下，伊犁苹果顶呱呱，阿图什的无花果名声大，石河子的西瓜甜又沙，喀什樱桃赛珍珠，伽师甜瓜甜掉牙，和田的薄皮核桃不用敲，库车白杏味最佳。一年四季有瓜果，来到新疆不想家。”读完这段顺口溜，你是不是也很想去新疆尝一尝各种美味的瓜果呢？

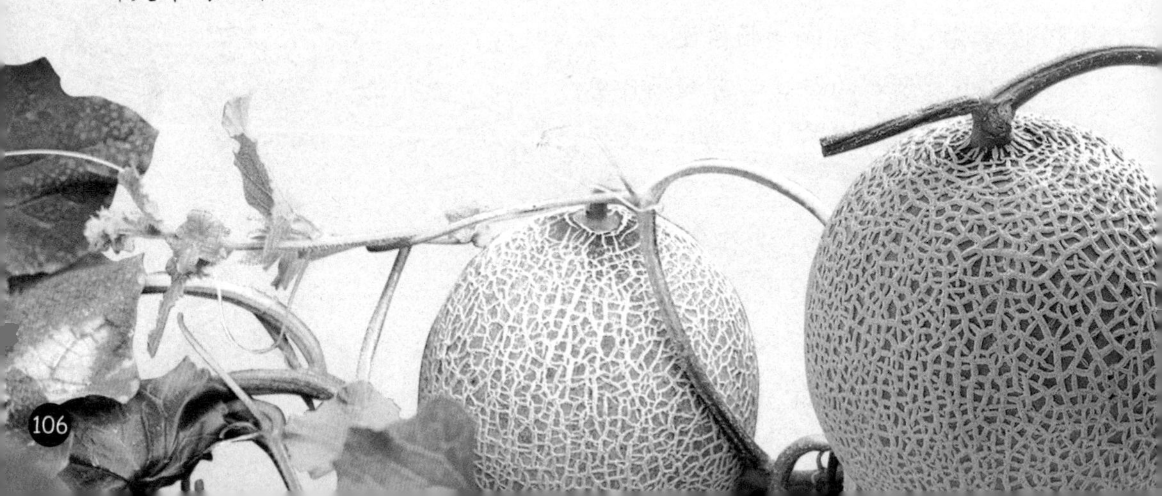

哈密瓜美名多

哈密瓜有“瓜中之王”的美称。新疆哈密瓜有180多个品种，形态各异，风味独特。有的带奶油味、有的含柠檬香，但都味甘如蜜，奇香袭人。

哈密瓜古称甜瓜、甘瓜，又因它的表面有漂亮的不规则网纹，被叫做网纹瓜。维吾尔语称哈密瓜为“库洪”，源于突厥语“卡波”，意思即“甜瓜”。

哈密瓜的外形呈长卵圆形，果皮上布满了粗网纹，瓜肉色如晶玉，甘美肥厚，芳香爽口。哈密瓜不仅美味，而且营养丰富，含有糖类、纤维素、苹果酸、果胶、维生素及钙、磷、铁等。其中铁的含量尤为丰富，对人体的造血功能有显著的促进作用。

哈密瓜并非“哈蜜瓜”

哈密瓜十分香甜可口，因此常常有人会把“哈密瓜”写成“哈蜜瓜”，还有人会把哈密瓜和蜜瓜搞错。其实，哈密瓜名字的由来有一个故事。听过这个故事后，你就不会把它的名字搞错了。

清朝康熙年间，朝廷为了维护统治，封哈密的玉素甫为哈密郡王，玉素甫非常高兴，就挑选了一种甜瓜进贡给朝廷。康熙皇帝品尝这种甜瓜时，觉得甘甜爽口，便询问这种瓜的名字。侍从并不知道瓜名，只知道瓜是哈密郡王所献，便回奏说“哈密瓜”。从此，哈密瓜这个名字就流传开来了。

哈密瓜为什么特别甜

哈密瓜生长在新疆，它的生长环境决定了它拥有香甜的滋味。

新疆的纬度比较高，夏季日照时间长；而且新疆大部分地方海拔比较高，空气稀薄，尘埃较少，到达地面的太阳辐射多，光照特别强。因此，哈密瓜在白天的光合作用较强，制造的葡萄糖较多。同时，新疆昼夜温差大，晚上气温低，有时甚至可以降到0℃以下。哈密瓜呼吸作用消耗的有机物很少，这样就有利于积累糖分，哈密瓜就特别甜了。

哈密瓜历史悠久

中国只有新疆和甘肃敦煌一带出产哈密瓜。1959年，考古工作者在吐鲁番的阿斯塔那古墓群发掘的晋墓中，出土了半个干缩的哈密瓜，在另一座唐墓中又出土了两块哈密瓜皮。这说明早在1000多年以前，新疆已有哈密瓜的种植，并且曾被列为贡奉皇帝的珍品。

一瓜多用真神奇

哈密瓜除了能作为新鲜水果食用外，还可以用来制作成瓜干、瓜脯、瓜汁。其瓜蒂、瓜子可以入药治病；瓜皮可以用来喂羊，有能促肥增膘的作用。

那肯定是哈密瓜。

具有防晒效果的哈密瓜

美味可口的哈密瓜不仅是人们夏季消暑的上佳选择，而且还具有特殊的作用。据英国的《每日邮报》报道，法国的一位农夫在无意中发现，一种特殊品种的哈密瓜能够储藏很长的时间而不会坏掉。这引起了科学家的关注。经研究发现，这种哈密瓜对人们的皮肤特别有好处，它能防止人们娇嫩的皮肤被太阳晒伤。

这种哈密瓜的瓜汁可以浓缩后冻干，成为药物制剂。除了擦防晒霜之外，人们还可以通过每日服用这种片剂来防止皮肤被太阳晒伤。

菠萝蜜不是蜜

你吃过菠萝蜜吗？
你知道它的果实长
在哪里吗？

你听说过荔枝蜜、洋槐蜜、桂花蜜吗？这些可都是蜜蜂酿成的蜂蜜哦！那么菠萝蜜呢？它也是一种蜂蜜吗？

其实，菠萝蜜可不是蜂蜜，而是一种热带水果。

水果界的“刺猬”

菠萝蜜又称木菠萝、树菠萝，它的果实像一个粗糙的橄榄球，在黄绿色外壳上长满了凹凸不平的麻粒，长在树上的菠萝蜜就好像一只只倒挂在树上的肥硕的刺猬，非常可爱。在厚厚的外壳内包裹着一窝窝淡黄色的果肉，厚实的果肉里有一个果核，果肉闻起来有一股淡淡的甜丝丝的香气，吃起来香甜可口。

乱结果实的菠萝蜜

大自然真是无奇不有，树干上都能结出果实来。菠萝蜜的果实的的确确是长在树干上的，而且非常高产，单果可达80千克，大得惊人，其香气之浓烈也堪称世界之最，因此有“热带果王”的美称。

每年的6月至7月，是菠萝蜜大量成熟的时节。当你发现菠萝蜜树的树干上结满了一个个果实，那么此时的菠萝蜜最甜、最好吃。

为什么菠萝蜜长在树干上呢？

原来，菠萝蜜树的枝条和树干上有很多叶芽、花芽，由于生长条件的限制，枝条上的芽不能继续发育，而树干上的芽却能得到充分的发育，直到开花结果。因此，菠萝蜜的果实结在树干上，而且树龄越大，结果实的位置就越低，老年菠萝蜜树甚至能在主根上结出果实。

你还知道其他茎花植物吗？

我知道，还有木奶果、火烧花。

蜂蜜和菠萝蜜不能同吃

小朋友，你知道吗？蜂蜜和菠萝蜜可不能一起吃。不然，它们会在你的胃里打架，这样胃可是会很痛的哦！为什么它们会打架呢？

虽然蜂蜜与菠萝蜜是两种很普通的食物，对人体并没有伤害，但是当人们同时吃这两种食物时，蜂蜜与菠萝蜜中的物质就发生了反应，并会不断地膨胀。而人的胃根本承受不了这样无限制的膨胀，严重者甚至会腹胀而死。

亦正亦邪的菠萝蜜

菠萝蜜的营养价值很高，含有碳水化合物、糖分、蛋白质、淀粉、维生素、氨基酸以及对人体有用的各种矿物质。

但是由于体质的原因，有些人吃菠萝蜜容易过敏。所以，在食用菠萝蜜时，人们应注意避免过敏反应。这也有妙计哦：吃菠萝蜜之前，可以先将果肉放在淡盐水中浸泡数分钟。这种方法除了可尽量避免过敏反应外，还能使果肉的味道更加醇香可口。

茎花植物

在树干上发芽结果的植物，叫做茎花植物。据统计，全世界的茎花植物超过1000种。菠萝蜜就是其中之一，因而也具有茎花植物的特征。

老茎生花是热带雨林中树木的一个特殊现象。因为在热带雨林中，昆虫通常在一定的高度范围活动，而成年树木的枝叶往往高不可及。植物繁衍后代时都需要昆虫为其授粉才能结出果实，所以它们巧妙地把花开在老茎或树干上，目的是引起昆虫的注意并大驾光临，以获得更多的传粉机会。

小菠萝蜜

小菠萝蜜的学名叫做尖蜜拉，它的果实是多花果。这种果实是由很多花结成的果聚集在一起而形成的，因此果实很大。成熟时，果实长达25～60厘米，一般的重达5、6千克，重者可达20千克。小菠萝蜜的果实呈不规则的椭圆形，果皮表面有软刺，果肉独特可口，香味浓郁。

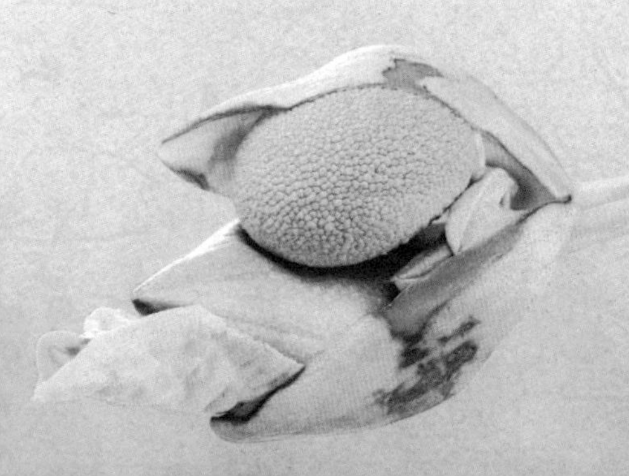

献给佛祖的芒果

“全身圆圆黄又黄，又甜又酸又很香，果子只在树上长，榨成果汁人人尝。”你吃过这种水果吗？

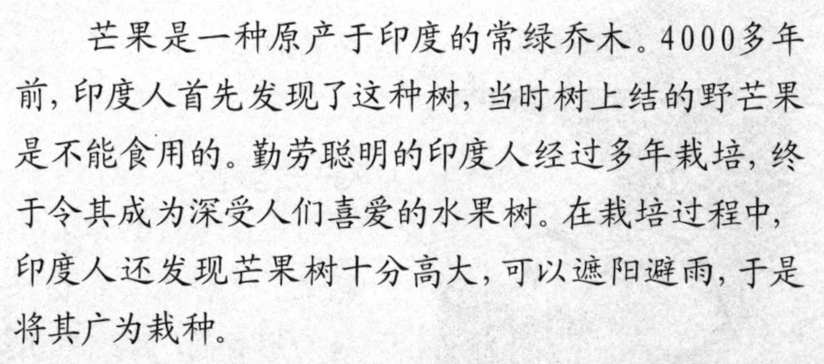

芒果是一种原产于印度的常绿乔木。4000多年前，印度人首先发现了这种树，当时树上结的野芒果是不能食用的。勤劳聪明的印度人经过多年栽培，终于令其成为深受人们喜爱的水果树。在栽培过程中，印度人还发现芒果树十分高大，可以遮阳避雨，于是将其广为栽种。

据说，当时有个虔诚的佛教信徒将自己的芒果园献给释迦牟尼，让佛祖能在树荫下休息打坐。时至今日，印度的很多寺院的墙壁上还能见到芒果树的叶、花和果等的雕刻图案。

长在树上的芒果

夏季，是芒果成熟上市的季节。芒果产于热带、亚热带地区，几乎集多种果品美味于一体，既带有菠萝、桃子的清香，又含有柿子、乳瓜的甜蜜。因此，芒果享有“绿金”的雅誉。

芒果树的树冠大致呈卵形或球形，树干很直，树枝强壮。刚长出来的芒果与青枣一样，挂在枝头上。

品种繁多的芒果

世界上许多国家都有各自喜爱的芒果品种。

泰国人常常说自己的芒果是世界上最好的品种，他们喜爱一种叫“婆罗门米亚”的芒果，意思是“卖老婆的婆罗门”。传说有个酷爱芒果的婆罗门为了买这种芒果吃竟把老婆卖了，这种芒果因此得名。

印度人把阿方索芒果、佩珊芒果和孟加拉芒果当作珍品。

斯里兰卡人喜爱鹦鱼芒果和卢比芒果。

菲律宾人欣赏加拉巴奥芒果。近年来，为了拉拢全球生意，他们将其改名为“马尼拉超级芒果”。

芒果的宣传者

第一个把芒果推广到印度以外的人是我国唐朝的高僧玄奘法师。玄奘法师在《大唐西域记》中有“庵波罗果，见珍于世”的记载。

而后，通过海上丝绸之路，芒果又传到泰国、马来西亚、菲律宾和印度尼西亚等东南亚国家，再传到地中海沿岸国家。直到18世纪，芒果才陆续传到巴西、西印度群岛和美国佛罗里达州等地。现在，这些地方都栽有大片的芒果林。

芒果能止吐

芒果能止吐，对晕车、晕船症状很有疗效。不习惯坐车、坐船的人，可以吃点芒果，这样就不会那么难受了。

多种多样的芒果

芒果中的维生素A和维生素C的含量特别高，是所有水果中少见的。由于品种不同，最大的芒果重达几千克，最小的只有李子那么大。

芒果的形状各有不同，有椭圆形、心形、肾形、细长形等。

芒果的果皮颜色有青色、绿色、黄色、红色等。

芒果的果肉有黄色、绿色、橙色等颜色。

芒果的味道有酸、甜、酸甜、稍甜等。

特别的芒果吃法

居住在西双版纳地区的傣族人喜欢把芒果制成芒果胶食用。他们把芒果煮熟后去核、过滤，半透明、琥珀色的芒果胶就做成了。芒果胶吃起来清甜可口、风味独特。

“四世同堂”的椰子

椰子是典型的热带水果。椰子树主要分绿椰、黄椰和红椰三种。椰子树一般高达25米以上，树干笔直，无枝无蔓。巨大的羽毛状叶片从树梢伸出，撑起一片伞形绿冠。椰叶下面结着一串串圆圆的椰果。

“里三层、外三层”的椰子壳

椰子的外面包裹了好几层果皮：外果皮较薄，呈暗褐绿色；中果皮为厚纤维层；内层果皮呈角质；再往里就是一个储存椰浆的空腔层。

“四世同堂”

椰树四季花开花落，果实不断。一株树上同时会长有花朵、幼果、嫩果、老果，真可谓是“四世同堂”。

热带沿海地区是椰子的家

椰子树为热带喜光作物，在高温、多雨、阳光充足和海风吹拂的条件下生长发育良好。只有年平均气温在24℃以上、温差小、全年无霜的地区，椰子才能正常开花结果。一年中，如果有一个月的平均温度为18℃，椰子的产量就会明显下降；如果平均气温低于15℃，椰子树就会出现落花、落果和叶片变黄的现象。

椰子树对土壤有较高的要求，一般以水分充足的土壤最为适宜。沿海岛屿周围水分最充足，而且海水经常冲刷海岸，在土壤中留下了丰富的养料，同时也带来了大量的盐分。椰树特别喜欢含有盐渍的土壤，生长在这样的水土环境中，再加上合适的温度、充足的阳光，椰子就会长得特别快、特别好。

从小就漂洋过海

椰子是利用海水来传播种子的。

椰子是一种核果，外果皮是粗松的木质，中间由坚实轻巧的棕色纤维构成。果实成熟后，掉在大海里，既不会沉没，也不会腐烂，而是漂浮在水面上，随着海水漂流。有时椰子会旅行数千千米。一旦碰到浅滩或被海潮冲向岸边，遇到了适宜的环境，椰子就会发芽扎根，长出一棵椰子树来。这也是热带、亚热带沿海和岛屿周围会长出大量椰子树的缘由。

“慢性子”的椰子树

椰子树是个“慢性子”。这种树长得很慢，种子发芽就要3年，每年只能长出一片叶，长成大树得用100年，一个椰果成熟长大需要13年！在东非的塞舌尔群岛上有一种特别大的椰子树，叫双瓣椰子树。它结的椰子重达6~10千克。

吃椰子学问多

吃椰子时，要先剥掉外皮，露出硬壳，硬壳上有几个白点，将其捅开，用吸管吸椰汁，之后再破开椰壳，用刀刮取内侧的白色果肉，冷冻后吃味道更佳。

新鲜的椰汁“清如水，甜如蜜”，清凉、甘甜、可口，风味独特，营养价值高，是解暑的最佳饮品。你知道吗？椰汁一离开椰壳，味道就会发生变化。通常情况下，上午倒出的椰汁较甜，等到下午椰汁的味道会变淡。

“椰岛”海南

人们一看到椰树，自然就会想到热带，想到美妙的海滩。

椰子原产于亚洲东南部、中美洲，目前，全球有80多个热带国家有种植，菲律宾、印度、马来西亚及斯里兰卡更是椰子的主要产区。我国南方地区很多省份栽培椰子，其中以海南省最为著名。椰子已成为海南省的象征，海南岛更被人们称为“椰岛”。

椰子的传说

椰子在汉代以前叫做“越王头”（越人是古代黎族的先民）。传说，一次越王打了胜仗，在寨子里庆祝胜利，因为疏于戒备，晚宴时他被奸细暗杀。奸细将其头颅悬挂在旗杆上，通知敌人前来攻寨。敌人攻寨时，万箭齐发，射向城墙守军。箭纷纷落在旗杆上，旗杆渐渐长粗、长高，变成椰树，箭也变成椰叶，越王的头颅变成椰果。敌人看到此情景后吓破了胆，不战而退。于是，椰树也就成为黎族人民的象征。剥开椰子外边的椰棕，你会看到椰壳上有三个黝黑的眼，那便是越王怒目而视的眼睛和嘴。

你知道海南还有哪些热带水果吗？

我知道，有榴莲、番石榴、菠萝蜜、山竹等。

绿伞下的白胖娃娃

你吃过莲藕吗？你知道莲藕为什么是空心的吗？

传说荷花是王母娘娘身边的一个美貌侍女——玉姬的化身。玉姬动了凡心，偷出天宫，来到杭州的西子湖畔。西湖秀丽的风光使她流连忘返，忘情嬉戏。王母娘娘知道后，用莲花宝座将玉姬打入湖中的淤泥里，令其永世不得返回天宫。从此，天宫中少了一位美貌的仙女，而人间多了一种玉肌水灵的鲜花——荷花。

每年夏天，荷花盛开了，碧绿的荷叶像一把把小伞，在荷塘里撑开。荷叶上面是美丽的荷花，荷叶下的淤泥里长满了白白胖胖的莲藕娃娃。

空心藕成就娇荷花

荷的学名是莲。和人一样，莲也需要呼吸，也离不开空气。由于水底淤泥中的氧气很少，所以在水下长根的植物，都要采用各种办法吸取氧气。藕是莲的地下茎，向上连着荷叶的叶柄，向下与根相连。藕的内部是空心的，有一个个管状小孔。

莲生活在水中，那么莲为什么不会被淹死呢？其实，这就要归功于藕的那些管状小孔了。这些小孔就是莲进行呼吸的通道，能将新鲜的空气输送到莲的各个部位。因此，莲不会因为缺氧而被水淹死，还能在炎热的夏天盛开出娇艳的荷花。

藕断为何丝连

当我们折断藕时，会看到无数条长长的白色藕丝在断藕之间连接着。为什么会有“藕断丝连”的现象呢？

藕的圆孔内壁的细胞呈螺旋状排列，当藕被折断时，圆孔内壁呈螺旋状排列的细胞没有被切断，形成螺旋状的细丝，直径仅为3～5微米。这些细丝很像被拉长的弹簧，在一定的弹性限度内不会被拉断，一般可拉长至10厘米左右。

不过，如果你用菜刀切藕，切断了圆孔内壁螺旋状排列的细胞，切口处就不会出现不断的藕丝了。

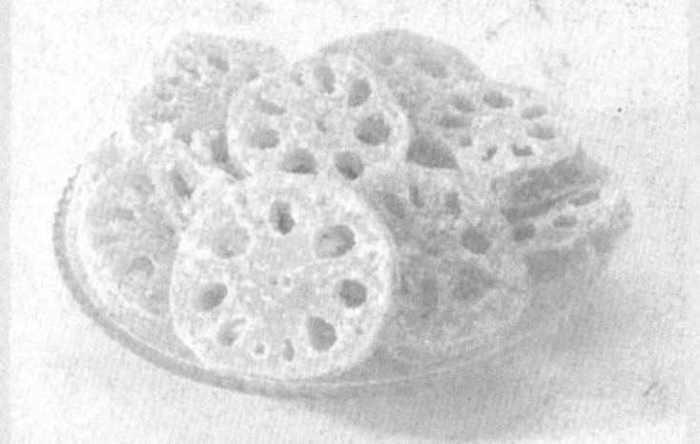

不光藕断会丝连

藕丝不仅存在于藕内，在荷梗、莲蓬中都有，不过丝会更纤细。

如果你将荷梗折成一段一段的，提起来就像一长串连接着的小绿“灯笼”。连接这些小绿“灯笼”的，便是这种细丝。这种细丝看上去只有1根，如果将其放在显微镜下观察，你会发现其实它是由3～8根更细的丝组成的，就像一根棉纱是由无数棉纤维组成的一样。

莲家兄弟本领大

莲的全身都是宝。藕、叶、叶柄、莲蕊、莲房入药，能清热止血；莲心有清心火、强心降压的功效；莲子有补脾止泻、养心益肾的功效；莲藕可作蔬菜食用或制成藕粉。

成语“藕断丝连”

细密缠绵的藕丝，很早就引起了古人的注意。唐朝孟郊的《去妇》诗中就有“妾心藕中丝，虽断犹牵连”的名句。后来，人们就用“藕断丝连”这个成语来比喻关系虽断，情丝犹连。

能载人的大王莲叶片

大王莲的叶是世界上最大的，一片叶的直径达2米，有的甚至达到3米。浮在水面上，就像一张大圆桌。一株大王莲有20～30片叶，能占很大一片水面。大王莲的叶的载重能力特别大。人们曾在大王莲的一片叶上倒了75千克的沙子，结果这片叶仍然浮在水面上。所以，一个孩子坐在大王莲的叶片上根本不成问题。大王莲的叶有这么大的载重力，是因为其叶的背面叶脉又粗又壮，就像大桥的支撑梁，十分坚固。

稀有的并蒂莲

并蒂莲是莲的一个变种，它的一根茎上能长出两朵花，花各有蒂，蒂在花茎上能连在一起，所以也有人称它为“并头莲”。

并蒂莲生长的概率是十万分之一，是极罕见的植物双胞胎。

自古以来，人们便视并蒂莲为吉祥、喜庆的征兆以及善良、美丽的化身。

你还知道其他品种的莲吗？

我知道，还有睡莲、美洲莲等。

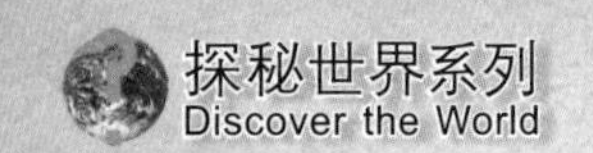

神奇的护身符

洋葱的原产地

有关洋葱原产地的说法很多，但大多数人赞同洋葱产于亚洲西南部中亚细亚、小亚细亚的伊朗、阿富汗的高原地区。洋葱的种植已有5000多年的历史，公元前1000年传到埃及，后传到地中海地区，16世纪传入美国，17世纪传到日本，20世纪初传入我国。

洋葱头是根吗

洋葱头是从地下挖出来的，所以很多人以为我们吃的洋葱头是洋葱的根。其实，洋葱头底部胡须一样的东西才是它的根，而洋葱头是膨大的鳞茎。

洋葱在生长的过程中，茎变得非常短，呈扁圆盘状，外面包有多片变态的茎。这种变态的茎称为鳞茎。洋葱的一层层套叠的肉质鳞片，把扁平状高度压缩的茎紧紧地围了起来，外侧有几片薄膜干枯的鳞片，是地上叶的叶基。地上叶枯死后，叶片基部干枯呈膜质，包在整个鳞茎的外面。所以，洋葱宝宝像穿着层层叠叠的衣服。

一层又一层的洋葱

为什么洋葱的全身包裹着一层又一层的鳞片呢？其实，这与它原来的生活环境有关。洋葱原来生活在干旱、炎热的沙漠中。沙漠地区日夜温差大，洋葱为了保存自己体内的营养和水分，不得不用鳞片把自己层层包裹起来。即使外皮干了，洋葱的鳞茎中还贮藏着水分和营养。这样，洋葱才能一代一代地生存下来。

生命力顽强的洋葱

洋葱的生命力很强。一层一层的鳞片可以很好地保持洋葱的水分，使洋葱在一年的时间内都不会干枯。有人把晒干的洋葱放到土壤里，它竟然还能生根发芽。但是如果它真的干透了，里面一点水分也没有了，也就不会发芽了。

为什么切洋葱时会流泪

切洋葱时，很多人都会流泪。这是为什么呢？其实，洋葱的细胞液中含有一种挥发性物质。我们通常认为是这种物质接触了人的眼睛才导致人流泪的。实际上并不是这样的，是因为鼻子吸入了这种挥发性物质，人们才会在切洋葱的时候流泪。

切洋葱时如何可以不流泪

切洋葱时不流泪的方法可多了。请你和妈妈一起试一试，看看这些方法灵不灵。

切洋葱前，把菜刀在冷水中浸泡一会儿，再用这把菜刀切洋葱，你就不会因为受挥发性物质刺激而流泪了。

先将洋葱对半切开，然后，将这两半洋葱在凉水中浸泡一会儿再切，就不会流泪了。

把洋葱先放在冰箱里冷冻一会儿，再拿出来切，也能避免切洋葱时流泪。

你还见过哪些植物像洋葱宝宝那样，有这么多层衣服呢？

洋葱有三色

红皮洋葱 洋葱的外表皮呈紫红色，鳞片肉质稍带红色，为扁球形或圆球形。

黄皮洋葱 洋葱的外表皮呈黄铜色至淡黄色，辣味较浓。

白皮洋葱 洋葱的外表皮呈白色，鳞片肉质，呈扁圆球形或纺锤形。

多吃洋葱预防骨质疏松

目前，瑞士伯尔尼大学的科学家们经研究发现，实验室的小白鼠在每天加食洋葱后，骨质疏松问题明显得到缓解。该项研究的领导者鲁道夫·布伦内森博士认为，洋葱不仅是一种美味蔬菜，还能强健人体骨骼。

永恒的象征——洋葱

中世纪的欧洲，人们把洋葱当作世界上价值最昂贵的物品，常用来当作租金付款或作为结婚礼物。

公元前3000年，埃及陵墓中的石刻画显示，当时的人们把洋葱奉为神圣的物品。古代埃及人把右手放在洋葱上起誓，因为洋葱是一层层的圆形体，这使他们相信洋葱是永恒的象征。

具有神奇力量的护身符

欧洲中世纪，两军作战时，一队队骑兵高跨在战马上，身穿甲胄，手持剑戟，脖子上戴着“项链”。这条特殊的“项链”的坠子，其实是一个圆溜溜的洋葱头。骑兵们认为，洋葱是具有神奇力量的护身符。骑兵们认为将洋葱戴在胸前就能免遭剑戟的刺伤和弓箭的射伤，整支队伍就能保持强大的战斗力，夺取战争的最终胜利。因此，洋葱被人们称为“胜利的洋葱”。在希腊文中，“洋葱”一词还是从“甲胄”一词衍生出来的呢！古希腊和古罗马的军队认为洋葱能激发将士们的勇气和力量，便在伙食中加入大量的洋葱。

“小人参”胡萝卜

小白兔最喜欢
吃什么呢?

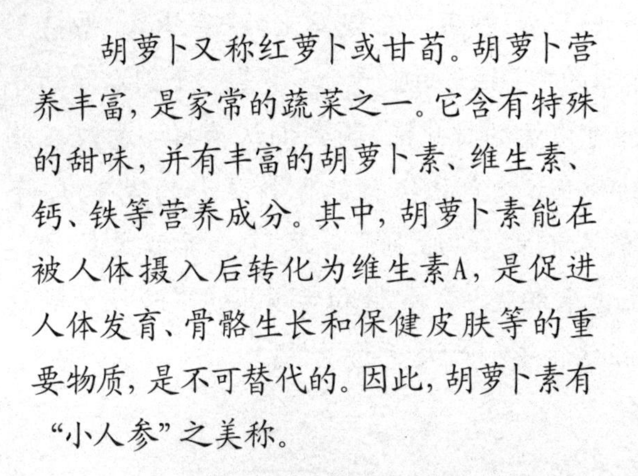

胡萝卜又称红萝卜或甘荀。胡萝卜营养丰富，是家常的蔬菜之一。它含有特殊的甜味，并有丰富的胡萝卜素、维生素、钙、铁等营养成分。其中，胡萝卜素能在被人体摄入后转化为维生素A，是促进人体发育、骨骼生长和保健皮肤等的重要物质，是不可替代的。因此，胡萝卜素有“小人参”之美称。

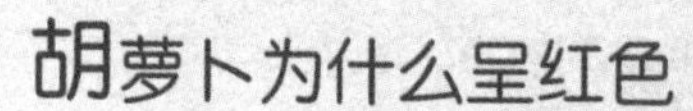

胡萝卜为什么呈红色

胡萝卜为什么呈红色呢？这是因为胡萝卜的体内含有红色的胡萝卜素，一种常见的有机色素，花朵、水果、有些动物的乳汁和脂肪中都含有这种有机色素。由于这种有机色素在胡萝卜中的含量最高，人们把它称为胡萝卜素。

喜欢寒冷的胡萝卜

胡萝卜喜欢寒冷的天气。如果气温超过25℃，它们就会提出抗议。在气温太高的情况下，胡萝卜只是拼命地长叶子，无法生成供食用的肉质根。因此在亚热带地区，种植胡萝卜时，人们都在秋天播种，到冬天采收，以避开温热的气候条件。

怎样吃胡萝卜更有营养

胡萝卜能生吃，也可以煮熟了吃。胡萝卜素是脂溶性物质，不溶于水，对温度也不敏感，所以最好是用油把它炒熟了或与肉一起炖后再食用，这样有利于人体充分地吸收胡萝卜素。

彩色胡萝卜有哪些颜色呢？

有红色、黄色、白色和紫色的。

胡萝卜在全世界的栽种历史

胡萝卜原产于亚洲的西南部，阿富汗为其最早的演化中心，栽培历史在2000年以上。10世纪，胡萝卜从伊朗传入欧洲大陆。约在13世纪，胡萝卜从伊朗传入中国，发展出中国生态型，以山东、河南、浙江、云南等省种植最多。15世纪，胡萝卜传入英国，发展出欧洲生态型，以地中海沿岸种植最多。16世纪，胡萝卜传入美国。于是，胡萝卜在全世界广为播种。

胡萝卜和萝卜是亲戚吗

萝卜和胡萝卜虽然都是“萝卜”，外形也有几分相似，却是两种不同的植物。萝卜开的花是四瓣的，属十字花科植物；而胡萝卜的花是伞形花序，属于伞形科植物。

应该多吃胡萝卜的人群

- 免疫力下降的人群
- 呼吸道不顺畅的人群
- 经常抽烟的人群
- 血压偏高的人群
- 经常接触化学制剂的人群
- 肝脏排毒能力差的人群

胡萝卜素的研究新发现

2000年开始，胡萝卜素受到医学界空前的关注。很多流行病学的调查说明：在膳食中经常摄取丰富胡萝卜素的人群，患动脉硬化、某些癌肿以及退行性眼疾等疾病的机会都明显低于摄取较少胡萝卜素的人群。

眼睛的视力取决于眼底的黄斑，如果没有足够的β-胡萝卜素，这个部位就会发生退行性病变，导致视力衰退甚至夜盲。这种疾病多发于老年人，虽然医学界认为这是衰老的一种表现，但有研究人员指出，这种退行性眼疾可以通过摄取足够的β-胡萝卜素来预防。这一重大的发现让人们对胡萝卜素有了新的认识，认为它不仅是实现均衡营养所必需的物质，同时还有助于人们预防疾病、延年益寿、提升身体素质和生活质量。

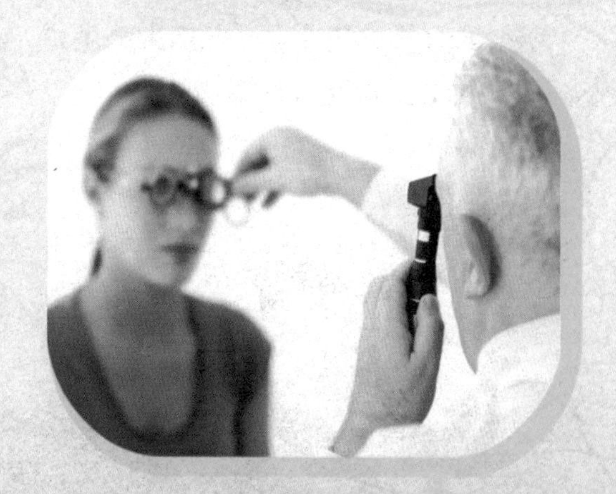

号称长生果的花生

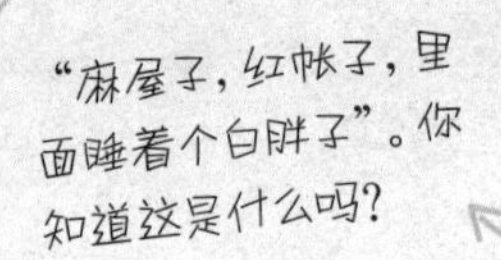

花生=落花生吗

花生苗长高后，会开出一朵朵小黄花。小黄花凋落后，每朵小黄花会生出一根茎，弯身扎入土壤里，直至钻到地下深处。这根茎的顶端就会结出果实，最开始是小小的、白色的果实，慢慢地就会长成花生的模样，里面长出花生仁。当花生壳变成麻质壳时，花生就成熟了。

所以，花生又叫做落花生。

根根须须入泥沙，
自造房屋自安家。
地上开花不结果，
地下结果不开花。
——打一植物

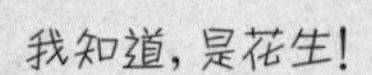

浑身是宝用处大

花生可厉害了，它的浑身上下都是宝。瞧，花生的这些宝贝们说话了。

花生壳说："把我晒干后可以当柴烧，把我碾碎后可以配制成饲料……你不知道吧？我还是一味中药呢！"

花生仁的红外衣说："虽然我只有薄薄的一层，但是我有止血和补血的功效。如果生吃，效果会更好。"

花生仁说："我可以榨成花生油，还可以做成花生酱……我的用途可多了！"

花生的营养价值很高，含有大量的蛋白质和脂肪，被誉为"植物肉"。

花生滋养身体补中益气，有助于延年益寿，所以人们又称之为"长生果"。

怕光的花生

你知道花生的果实为何长在地下吗？这是因为花生开花后，其受精后的子房怕光，需要在黑暗的环境里发育，所以这些受精的子房就逐渐扎进土壤，在土壤中结出果实。

喜欢沙质土的花生

花生不喜欢潮湿的生活环境。如果土壤太潮湿，它的根会腐烂，果实也易腐烂。花生也不喜欢太硬的土壤。如果土壤太硬，花茎就不容易钻入土中结果。此外，太硬的土壤会阻碍果实长大，使得花生仁长得歪歪扭扭的。

沙质土疏松透气，最适宜花生的生长。而且花生的花茎也较易扎入土中，这样才能结出许多花生宝宝。在沙质土地里结出的花生宝宝个头均匀、外形美观，而且数量也非常多。

喜欢在沙质土里生长的植物还有很多，比如土豆、甘薯、萝卜、仙人掌、西瓜。你知道还有哪些植物也喜欢沙质土吗？

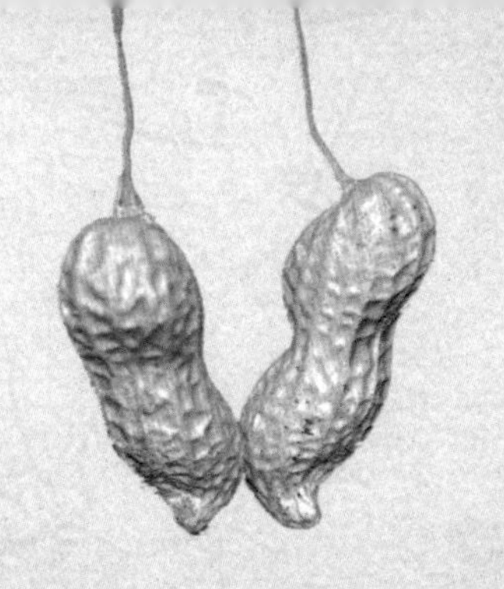

嘎哒嘎哒，花生成熟了

把没有剥开的花生拿起来摇一摇，如果里面发出“嘎哒嘎哒”的响声，就表明花生成熟了。你知道这是为什么吗？

原来，花生仁和花生壳本来并不分离，刚生成的花生仁就像是被妈妈抱在怀里的宝宝一样，紧紧地贴着花生壳，还通过与花生壳相连的细线吸收生长发育所需的营养。等到花生仁完全成熟后，它就会自己断开与花生壳连接的“纽带”。

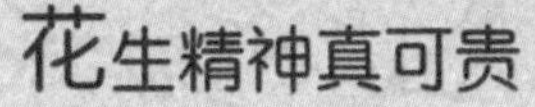

花生精神真可贵

花生的好处很多，也具有可贵的精神：它不像桃子、石榴、苹果那样，把果实高高地挂在枝头，而是把果实埋在地里，等到成熟了，才向人们展示丰硕的果实。

花生不讲求外表华丽，而是踏踏实实、默默无闻、无私奉献，花生精神真是可贵啊！

薄荷清凉的秘密武器

你吃过薄荷糖吗？薄荷糖有什么味道呢？

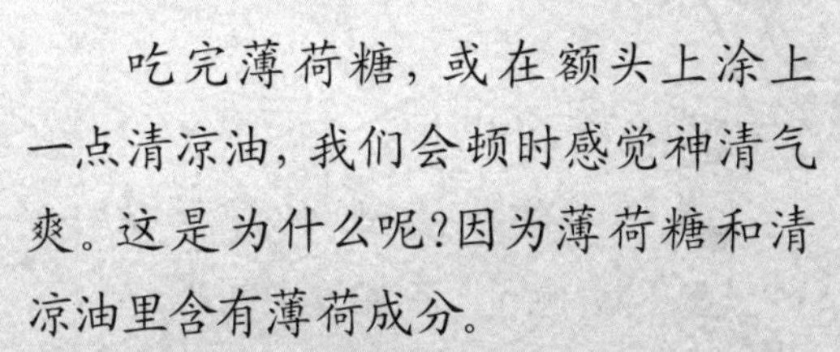

吃完薄荷糖，或在额头上涂上一点清凉油，我们会顿时感觉神清气爽。这是为什么呢？因为薄荷糖和清凉油里含有薄荷成分。

薄荷，俗名叫银丹草，是多年生草本植物。薄荷叶呈卵形，边上有锯齿，茎杆呈菱状，花很小，呈淡紫色，能结出暗紫棕色的小果子。

薄荷有自己的秘密武器。在薄荷的茎杆和叶子里，含有大量的挥发油——薄荷油。薄荷油是一种芳香清凉剂，呈淡黄色或黄色，清凉芳香。

薄荷脑是怎么来的

大家猜猜，薄荷脑是怎么做出来的？其实很简单，就是把提炼出来的薄荷油进行加工，在低温下提炼出一种无色晶体。这就是薄荷脑。

再告诉大家一个小秘密：我国是出产薄荷油、薄荷脑数量最多、质量最高的国家。

薄荷大家庭

薄荷大家庭的成员非常多，除了少数为一年生植物外，大部分均为具有香味的多年生植物。

胡椒薄荷 花穗呈紫色，薄荷气味明显。

苹果薄荷 全株均披覆绒毛，叶子为圆形，有苹果的香味。

绿薄荷 花穗呈白色，带有清香味。

普列薄荷 花穗呈粉红色，对寒冷较为敏感。

凤梨薄荷 叶面有粉绿色的斑点，因为外形漂亮美观常作为观赏植物。

柠檬香水薄荷 又名香蜂草，非常耐寒易栽种，花叶用于泡茶，具有放松心情、帮助睡眠和促进消化的功用。

葡萄柚薄荷 叶片大，表面有白绒毛，带有清香味。

万能的薄荷

最常见的含有薄荷的产品莫过于薄荷糖、清凉油。除此之外，花露水、仁丹、止咳药水、牙膏、漱口水、肥皂等，也都可能含有薄荷的成分。

为什么人们要用薄荷制作那么多的产品呢？那是因为薄荷的功效大。

薄荷有极强的杀菌、抗菌作用，经常食用能预防感冒，治疗口腔疾病，使口气清新。

如果皮肤被蚊虫叮咬了，涂上一点用薄荷制成的清凉油，就能使人感到清爽，同时具有止痒的功效。

许多清咽含片也有薄荷成分，含在嘴里不仅特别凉爽，还能有效缓解疼痛。

薄荷还有“眼睛草”这一别称，拿用开水泡过的薄荷叶片敷在眼睛上，能消除眼睛疲劳，常用于辅助治疗各种眼疾。

瞧，薄荷的用处特别大吧！薄荷可真是一个宝！

薄荷的奇特用途

古罗马人与古希腊人都很喜欢薄荷的味道。欢度节日时，他们会把薄荷织成花环戴在身上。

古埃及曾有将薄荷、大茴香与小茴香充当赋税的做法。

印第安人会用薄荷来治疗肺炎。

薄荷花语

薄荷是一种充满希望的植物。虽然外形平平无奇，但它的味道沁人心脾，使人感觉清爽、通透。这种幸福的感觉会让人得到一丝安慰。所以，薄荷的花语是“愿与你再次相逢”和“再爱我一次”。此外，它还是“美德”的象征，代表了人的种种美好品德。

薄荷的美丽传说

古希腊神话中有一则关于薄荷的传说：冥王哈迪斯爱上了美丽的精灵曼茜，冥王的妻子佩瑟芬妮十分嫉妒。为了使冥王忘记曼茜，佩瑟芬妮将她变成了一株不起眼的小草，长在路边任人踩踏。可是，内心坚强善良的曼茜变成小草后，身上却拥有了一股令人舒服的清凉迷人的芬芳，越是被摧折踩踏就越浓烈。虽然曼茜变成了小草，却被越来越多的人喜爱。后来，人们把这种草叫做薄荷。

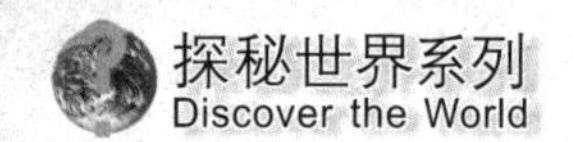

长在虫体内的真菌——冬虫夏草

"夏天是棵草，冬天像条虫，若要知其味，药店寻其踪。"你知道这是什么吗？

"冬虫夏草"这个名字，你听说过吗？是不是觉得很奇怪呀？它究竟是虫，还是草呢？

冬虫夏草是一种十分奇特的生物——说是动物，又不全是动物；说是植物，又不全是植物。

冬虫夏草生长在海拔3000～5000米的雪山草甸上。每当盛夏时分，冰雪消融，千千万万个蝙蝠蛾的虫卵变成幼虫，钻入潮湿松软的土层中。土层里的一种霉菌侵袭了幼虫，在幼虫体内安家落户。它们吸收虫体内的营养，慢慢萌发出菌丝。受真菌感染的幼虫在土层里死去，这就形成了"冬虫"。

幼虫体内的真菌继续生长，直至充满整个虫体。经过一个冬天，到第二年春末夏初时，幼虫的顶部会长出一个紫红色棒状的子房，顶端有菠萝状的囊壳，外观像一根小草，这就形成了"夏草"。

这样，幼虫的躯壳与霉菌菌丝共同组成了一个完整的

“冬虫夏草”。

这下你明白了吧。冬虫夏草的上半部即虫体顶上长的不是草，而是一种与香菇、木耳同类的真菌——麦角菌；下半部的虫体是一些蛾类昆虫的幼虫。因此，冬虫夏草就是一种寄生在蛾类幼虫体上的真菌。

稀少的“软黄金”

从外形上看，冬虫夏草的虫体呈金黄色、淡黄色或黄棕色，又因价格昂贵而有“软金草”之称。

冬虫夏草之所以被很多人看得很“金贵”，主要原因是它一般产于海拔3000米以上的高山地带，不仅数量少且难以采摘。每年的农历四五月间，冬虫夏草出苗不超过1寸，正是采收的好季节。如果过了这个时节，冬虫夏草的“苗”就会枯死，人们就再也找不到冬虫夏草了。物以稀为贵，所以冬虫夏草十分珍贵。

冬虫夏草家族的兄弟俩

从生长环境来分，正宗的冬虫夏草有两种：草原虫草和高山虫草。从营养成分来说，两者差不多，但无论哪种都是以天然本质为贵，一旦染色或受污染，就会失去价值。但由于生长环境和土质的差异，它们在色泽和形态方面有些许区别。

草原虫草呈土黄色，虫体肥大，肉质松软。草原地域辽阔，是草原虫草的主产地。

高山虫草比较稀少，呈黑褐色，虫体饱满结实。海拔越高，冬虫夏草的质量越好。

三大滋补品

冬虫夏草 是一种传统的名贵中药材，与人参、鹿茸并列为三大滋补品。

人参 被称为“神草”“药中之王”，能增强人体的抵抗能力，并促进人体的新陈代谢，具有强化心脑血管活力、抗衰老等功效。

鹿茸 雄鹿的嫩角未长成硬骨时，带有茸毛，还含有血液，叫做鹿茸。它是一种名贵的中药，能强身健体，对身体虚弱、神经衰弱等有很好的疗效。

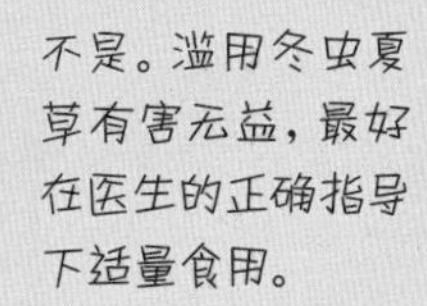

既然冬虫夏草这么名贵，又有那么好的滋补效果，那是不是吃得越多，对身体就越好呢？

不是。滥用冬虫夏草有害无益，最好在医生的正确指导下适量食用。

冬虫夏草的传说

相传武则天晚年体弱多病，咳嗽不止，稍感风寒便病情加重，尤其到了冬季，不敢轻易地走出寝宫。太医为了治疗她的病，什么贵重的药品都用过，但仍不见疗效。

当时，御膳房的李师傅和康师傅，将冬虫夏草塞进鸭子的肚子里，再将其放进锅里炖成汤。武则天觉得这道汤味道鲜美，很是喜欢。于是，她一天吃两次。一个多月后，气色竟然好转起来，也不再咳嗽了。从此，“冬虫夏草全鸭汤”便身价百倍，成了御膳房的一道名菜，并传到了民间。

属于真菌的仙草——灵芝

你听说过白娘子盗灵芝救许仙的故事吗？灵芝真的能起死回生吗？

灵芝，自古以来就被人们认为是吉祥、富贵、美好、长寿的象征，是我国中医药宝库中的珍品，素有“仙草”之称。

根据我国第一部药物专著《神农本草经》记载：灵芝有紫、赤、青、黄、白、黑六色。我们现在看到的一般是紫芝或赤芝。其实，灵芝并不是仙草，而是一种真菌。

全世界目前已知的灵芝有200多种。我国大约有90种灵芝，是世界上灵芝种类最多的国家。

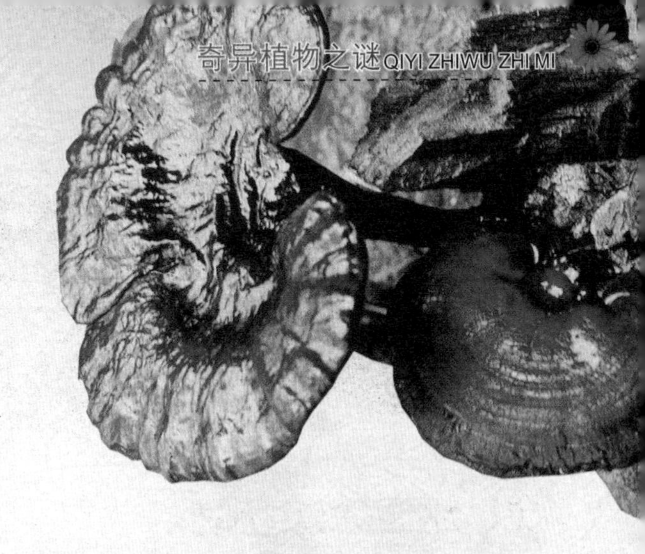

有趣的模样

灵芝的模样很有趣，一根弯弯曲曲的长柄上面顶着一个大耳朵一样的菌盖。与蘑菇不同，灵芝的菌盖可不是软软的，而是又厚又硬的，表面还有红中带黑的光泽，隐约可以看到像云彩一样的花纹。

灵芝并非“不死之草”

灵芝常常寄生在栎树等阔叶树的木桩上或腐木的根部，靠阔叶树的养料存活。民间曾流传着“灵芝千年生，万年不死”的说法，又将其称为“不死之草”。其实，这绝对是个误传。大多数灵芝为一年生或两年生植物，部分是多年生植物，最久可活70～80年。

如何推算灵芝的年龄

灵芝在生长初期呈乳白色，成熟后变成棕红色。灵芝的菌盖表面有环状棱纹，根据这些棱纹的圈数，就可以推算出灵芝的年龄了。

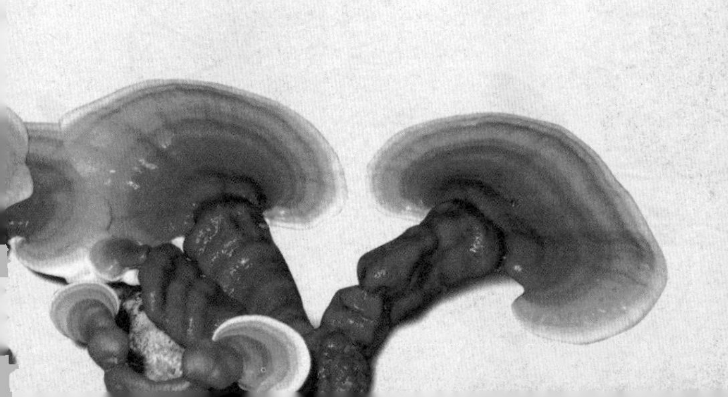

灵芝为什么不是一种药

灵芝是一种真菌。与其他天然产物一样，灵芝及其相关产品的生产很难进行质量控制。在现代医学中，质量控制不好的产品是无法标准化的。而且，灵芝没有经过规范的临床验证。在现代医学的新药开发中，体外实验和动物实验有效的东西有很多，没有大规模的符合现代药学要求的临床验证，任何药物都不可能被批准成为现代药物。此外，灵芝缺乏毒副作用的研究，目前的研究基本上是集中在它的功效方面，虽然灵芝使用的历史很悠久，但不能保证它就是安全的。实际上，有研究观察到了灵芝所含的某些三萜化合物在高浓度下的毒性，还有研究发现了灵芝中所含的某些多糖在高浓度下对免疫功能的抑制作用。

你还知道哪些能强生健体的中草药？

白娘子盗仙草

相传，在四川省峨眉山上的白云洞中，曾住着一条白蛇，经过千年的苦练修行，成为一名美丽的女子，取名白素贞。为了报答牧童许仙的救命之恩，她来到了杭州西子湖畔，与许仙结为夫妇，过起了人间平凡的生活。

此事被金山寺的法海和尚知道了。他知道白素贞是白蛇化身，就千方百计地挑拨离间、教唆引诱，让许仙诱骗白素贞在端午节喝下雄黄酒。白素贞因不胜雄黄酒力，终于现出原形，许仙被活活吓死。

白素贞发现许仙已死，十分悲痛。危急时刻，她猛然想起仙草灵芝能使人“起死回生”。于是，她冒死前往昆仑山，欲盗取仙草灵芝。

到了昆仑山，她好不容易找到了灵芝，见四处无人，便偷偷摘了一株，但被守卫仙草的仙童发现，两人堵住白素贞去路。眼见白素贞将命丧黄泉，突然南极天翁出现了，他被白素贞的诚意所感动，放走了白素贞。

白素贞拿着仙草灵芝回到家中，将灵芝熬成汤，给许仙喝下。只一会儿工夫，许仙便醒了过来。

这是一个美丽的神话故事。“长生不老、起死回生”只是人们的美好愿望。

有冬虫夏草、天麻、人参、石斛。

海带如何生宝宝

你见过海带的种子吗？海带是怎么繁殖的呢？

海带生活在浅海海域的海底，通常一簇一簇地生活在一起。每条海带长达3～4米，有的甚至能达到7米，在海底特别壮观。因此，海带还有“海底森林”的别称。

海带不是动物

海带又名昆布、江白菜，是一种体形巨大的海藻。与陆地植物一样，海带能进行光合作用，制造出自身所需的养料。因此，它不是动物，而是植物。

海带、紫菜和海苔

海带生长于水温较低的海域中，主要分布于中国北部沿海及朝鲜、日本等太平洋地区沿岸，是一种在低温海水中生长的大型海生褐藻植物。因为海带生长在海里，长长的像一条带子，所以人们将它命名为“海带”。

紫菜是生长在浅海岩礁上的一种红藻类植物，有的呈紫红色，有的呈绿紫色，还有的呈黑紫色。不过，被人们烘干后的紫菜均呈紫色。这种紫色的海生植物虽属藻类，但可以做成菜肴食用，所以取名为紫菜。

海苔其实是紫菜加工成的食品。我们平时吃的紫菜主要有两种：北方的大多是条斑紫菜，南方的紫菜大部分是坛紫菜。海苔就是用条斑紫菜加工而成的。

海带不是植物的叶

海带的根部生长着分枝状的假根，假根的末端有吸盘，能把海带牢牢地固定在海底的礁石上。假根上面长着圆柄，圆柄上长着一根又扁又宽的长带子。

与我们平常看到的由根、茎、叶等组成的植物不同，长长的海带并不仅仅是植物的叶，而是整株植物。

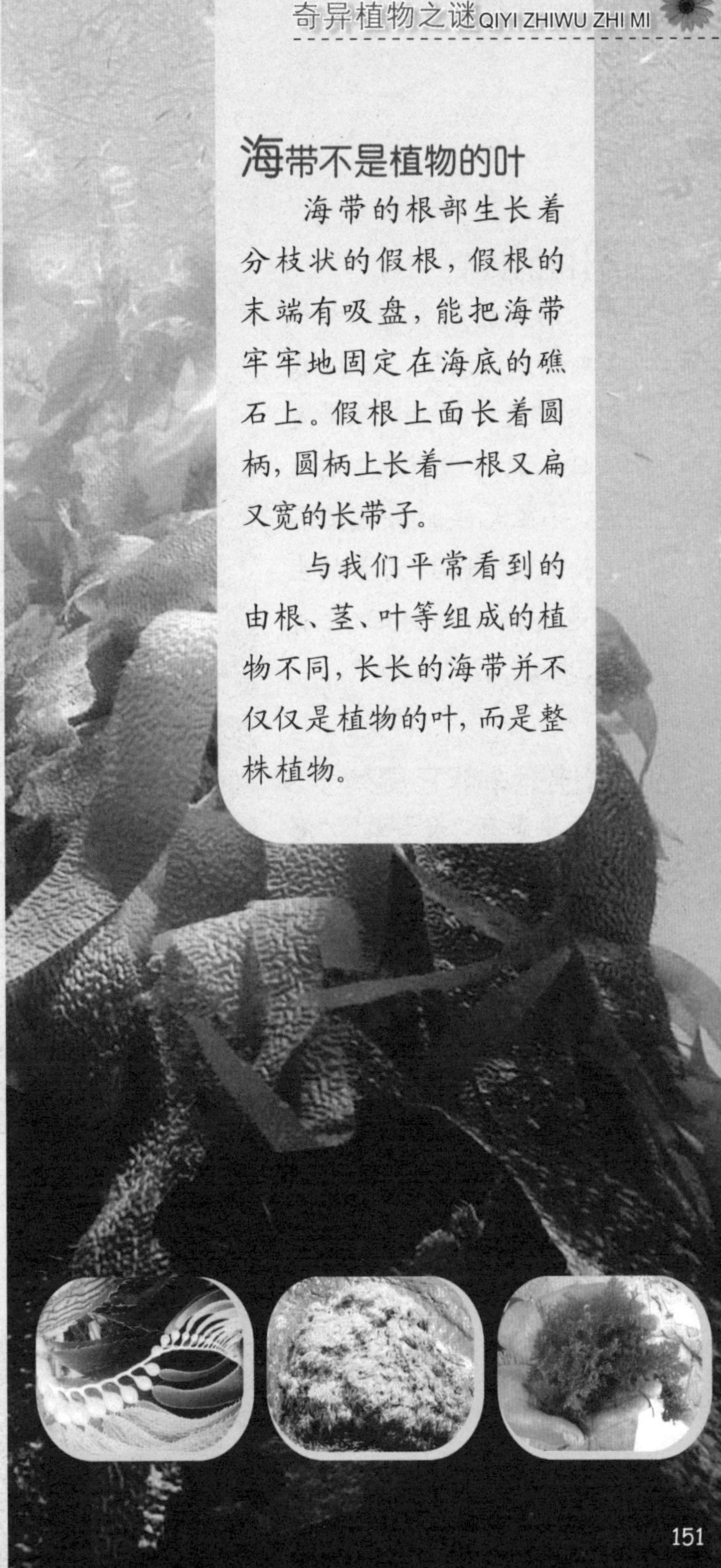

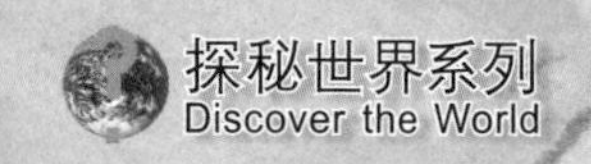

海带的传奇

海带原产于日本和俄罗斯的寒流海域。以前，我国没有这种植物。海带是从日本北海道引入中国大连，并在大连的海底岩石上长成的。此后，海带的生长地逐渐南移到烟台、青岛、福建、广东各地。

含碘冠军非它莫属

海带有“长寿菜”“海上之蔬”的美称。海带中含有大量的碘，碘是合成甲状腺素的主要成分。人体如果缺少碘，就会患“大脖子病”，即甲状腺机能减退症。人体如果内的碘含量太多，会患“甲亢”，这时，就不能过多食用海带了。

奇特的繁殖方式

海带是一种奇特的海底植物，它的繁殖方法很特别。首先，在海带上会长出很多像口袋一样的孢子囊，里面会有许多孢子。等孢子成熟了，孢子囊一破裂，孢子就会跑出来。这些孢子用两根鞭毛在海里四处游荡。当它们找到最适宜的落脚地后，在适宜的条件下就会慢慢地生长发育，变成一条海带。

从北到南，受温差、光照等因素的影响，不同海域中生长的海带成熟的时间有先后之别。甚至在同一海域或同一苗绳上的海带，其成熟时期也分先后。所以，海带的收获期一般从5月中旬延续到7月上旬。

黄金搭档：豆腐+海带

豆腐中含有多种皂角苷，能抑制脂肪吸收，促进脂肪分解。但皂角苷又会促进碘的排泄，容易引起碘缺乏。所以经常吃豆腐的人，应该适当增加碘的摄入量。海带含碘丰富，豆腐与海带堪称黄金搭档。

海带不是越绿越好

海带不是越绿越好。正常的海带呈深褐色。经盐腌制或晒干后，海带会呈现出墨绿色或深绿色。

脑力大激荡

1.世界上最高的植物是（ ）
A.红杉 B.松树 C.紫檀 D.杏仁桉

2.对外界声音反应最灵敏的植物是（ ）
A.含羞草 B.猪笼草 C.瓶子草 D.锦葵

3.长在沙漠里的骆驼刺的根系可以深入（ ）
A.地下50米 B.地下20米
C.地下10米 D.地下5米

4.世界上现存最古老的植物是（ ）
A.刺球果松 B.龙血树 C.铁树 D.银杏

5.下列每组植物中，互为“冤家”的是（ ）
A.荞麦与黄瓜
B.玉米与土豆
C.卷心菜与葡萄
D.大蒜与棉花

6.世界上最小的种子是（ ）
A.葡萄种子
B.黄瓜种子
C.芝麻种子
D.四季海棠种子

7.开在青藏高原上的花大多呈（ ）
A.白色 B.紫色 C.黄色 D.橙色

8.颜色变化最多的花是（ ）
A.牡丹 B.菊花 C.月季 D.木芙蓉

9.下列选项中，最香的花是（ ）
A. 荷花 B.栀子花 C.玫瑰 D.康乃馨

10.世界上最臭的花是（ ）
A.山茶花 B.芍药 C.大王花 D. 桂花

11.“停车坐爱枫林晚，霜叶红于二月花”的作者是（ ）
A.杜牧 B.李白 C.杜甫 D.李商隐

12.最早发现植物的睡眠运动的科学家是（ ）
A.伽利略 B.巴甫洛夫
C.达尔文 D.孟德尔

13.下列植物中，不属于食虫植物的是（ ）
A.猪笼草 B.含羞草 C.瓶子草 D.捕蝇草

14.世界上最苦的植物是（ ）
A.黄连 B.苦瓜 C.芥蓝 D.金鸡纳

15.下列不属于“黄山四绝”的是（ ）
A.奇松 B.怪石 C.云海 D.火山

16.下列植物中，不能生活在沙漠中的是（ ）
A. 仙人掌 B.胡杨 C. 柳树 D.百岁兰

17.铁树爱“吃”铁钉的原因是（ ）
A.体内缺锌元素 B.体内缺磷元素
C.体内缺铁元素 D.体内缺钾元素

18.阿司匹林的发明源于一种植物，它是（ ）
A.杏树 B.柳树 C.梧桐树 D.芦荟

19.我国古代最擅长画竹子的画家是（ ）
A.郑板桥 B.阮籍
C.顾恺之 D. 吴道子

20.下列植物中，存活至今并曾与恐龙同时代生活的是（ ）
A.百岁兰 B.铁树 C.银杏 D.苹果树

21.世界上最高大的杉树生活在（　　）
A.美国俄亥俄州
B.美国加利福尼亚州
C.澳大利亚
D.新西兰

22.“世界油王”油棕的颜色是（　　）
A.紫色　B.黑色　C.白色　D.棕红色

23.广州的市花是（　　）
A.玫瑰　B.兰花　C.木棉　D.玉兰花

24.俄罗斯的国花是（　　）
A.百合　B.雏菊
C.玫瑰　D.向日葵

25.最先向人们传递秋天信息的花是（　　）
A.月季　B.波斯菊
C.康乃馨　D.唐菖蒲

26.含羞草的原产地是（　　）
A.美国　B.巴西　C.意大利　D.西班牙

27.下列植物中，堪称“排毒高手”的是（　　）
A.银杏　B.无花果　C.山竹　D.松树

28.下列水果中，肉眼看不到种子的是（　　）
A.苹果　B.梨　C.荔枝　D.香蕉

29.清朝康熙年间，哈密郡王向朝廷进贡的水果是（　　）
A.葡萄　B.西瓜
C.哈密瓜　D.香蕉

30.下列植物中，不属于茎花植物的是（　　）
A.木奶果　B.菠萝蜜
C.花生　D.火烧花

31.第一个将芒果介绍到印度以外的高僧是（　　）
A.鉴真　B.玄奘　C.郑和　D.净空

32.以椰子为象征的省份是（　　）
A.广东省　B.浙江省
C.广西省　D.海南省

33.世界上最大的叶是（　　）
A.铁树的叶　B.大王莲的叶
C.并蒂莲的叶　D.百岁兰的叶

34.中世纪的欧洲，常用作结婚礼物的是（　　）
A.月桂枝　B.洋葱　C.大蒜　D.橄榄枝

35.胡萝卜的花属于（　　）
A.十字花序　B.伞形花序
C.头状花序　D.总状花序

36.花生的果实长在地下的原因是（　　）
A.地下土壤肥沃
B.受精后的子房怕光
C.地下环境湿润
D.以上选项都对

37.世界上出产薄荷油最多的国家是（　　）
A.德国　B.中国　C.美国　D.英国

38.冬虫夏草属于（　　）
A.动物　B.植物　C.真菌　D.细菌

答案：1.D 2.D 3.B 4.A 5.C 6.D 7.B 8.D 9.B 10.C 11.A 12.C 13.B 14.D 15.D 16.C 17.C 18.B 19.A 20.C 21.B 22.D 23.C 24.D 25.B 26.B 27.B 28.D 29.C 30.C 31.B 32.D 33.B 34.B 35.B 36.D 37.B 38.C

图书在版编目（CIP）数据

奇异植物之谜/李瑞宏主编.——杭州：浙江教育出版社，2017.4（2019.4重印）
（探秘世界系列）
ISBN 978-7-5536-5681-6

I.①奇… II.①李… III.①植物—少儿读物 IV.①Q94-49

中国版本图书馆CIP数据核字（2017）第063825号

探秘世界系列

奇异植物之谜

QIYI ZHIWU ZHI MI

李瑞宏 主编　郭寄良 副主编
高 凡 陆 源 编著 米家文化 绘

出版发行	浙江教育出版社 （杭州市天目山路40号　邮编：310013）		
策划编辑	张　帆	**责任编辑**	谢　园
文字编辑	沈田雨	**美术编辑**	曾国兴
封面设计	韩吟秋	**责任校对**	雷　坚
责任印务	刘　建	**图文制作**	米家文化
印　　刷	北京博海升彩色印刷有限公司		
开　　本	787mm×1092mm　1/16		
印　　张	10.25		
字　　数	205000		
版　　次	2017年4月第1版		
印　　次	2019年4月第2次印刷		
标准书号	ISBN 978-7-5536-5681-6		
定　　价	38.00元		